池田 透 編著

Tohru Ikeda

生物という文化

人と生物の多様な関わり

北海道大学出版会

はじめに

本書は、平成二三年度北海道大学大学院文学研究科・文学部公開講座「生物という文化を探る——人と生物の多様な関わり」における講義内容をベースに、九人の執筆者が各自の専門分野から見た人と生物の関係を整理した内容となっています。

文学研究科・文学部の公開講座で、なぜ生物を取り扱ったのか、不思議に思う方も少なくないかもしれません。生物の生理や生態、進化から最近特に進展著しいＤＮＡ研究などは確かに自然科学分野の研究ですが、少し視点を変えて人と生物との関係に目を向けてみると、時代や文化によってさまざまに異なった関わり方や生物に向けられた人間の認識を見て取ることが可能です。

人と生物は古くからさまざまな関わりを保ちながら生活してきました。生態系の中のつながりだけでなく、思想・歴史・文化の側面でも生物は人間の社会に多様な影響を与えてきました。文明の発達によって人間社会が多様化すると、生物との関係も、食う・食われるといった単純な関係から、さまざまな形態へと進展を見せ、現代社会ではペットが人間生活の中で重要な役割を果たす一方で、動物の福祉などについても盛んに議論されるようになってきています。文学や歴史の中での人と生物の関係性の研究に加えて、学問分野においても、考古学では動物考古学という分野が確立され、心理学の中でも人間の学習研究に動物を用いる動物心理学が発展するなど、生物学・生態学の分野だけではなく、人文・社会科学の中でも人と生物の諸関係は広く研究対象とされるようになってきました。

北海道大学大学院文学研究科・文学部では、哲学、文学、語学、歴史といった分野にとどまらず、心理学、社会学、地理学から保全生態学といった実験やフィールド・ワークを行う分野まで、広く深く人文・社会科学の諸研究が行われています。そこで、このような多岐にわたる分野の研究者が、生物というテーマを基軸として、文化の多様な側面にふれる機会を提供しようということで公開講座が企画されました。新しい企画でしたので、どの程度の方々が関心を抱いて参加していただけるか、不安もあったのですが、いざ開催してみると参加者の反応は予想以上で、続編を希望する声が寄せられたり、公開講座を受講できなかった方から出版に関する問い合わせをいただいたりで、このような試みに対する関心の高さを改めて感じた次第でした。そこで本書の出版を企画するに至り、それぞれの執筆者が専門知識を踏まえながら、この多様な人と生物の営みに関わる複雑な諸相の一端をさらに多くの方々に紹介することとなりました。

本書では、まずは歴史・文学の世界から見た人と生物の関係を手始めに探ります。古くは縄文時代にまで遡って土器などに見る人と生物の関係を考察し、奈良公園とシカの関係の成立、室町時代に持ち込まれた外来生物と当時の人々の関係を探ります。また、文学の中でどのように動物が怪物へと変わっていくのかを考えます。

次に哲学・思想・倫理的側面から人と生物の関わりに着目します。生物の尊厳とは何か、生物は原告・被告・証人として法廷に立てるのか、動物は人を批判したり孤独を感じたりするのかを考え、万学の祖アリストテレスの哲学や進化論で有名なダーウィンの理論から生物と人の関わりについて思索をめぐらせます。

最後に現代社会における人と生物の間の新たな課題として、動物実験の立場から幸福について議論し、生態系保全および人間社会への脅威となる外来生物問題について対応を考察します。

執筆陣の専門は、考古学、歴史学、文学、思想、哲学、倫理学から、心理学、地域科学にまで及ぶ広範な領域にわたります。これらの分野は、一見すると接点が少ないように見えますが、人間の営みと関わっているという点では共通しています。それぞれの執筆者は、専門分野からみた人と生物の関わりについて、具体例を提供しながらわかりやすく解説しています。本書を通じて、人と生物の関わりの多様な諸相について、より深い理解が得られるようになれば幸甚です。

二〇一二年一〇月

池田　透

目次

第Ⅰ部　歴史・文学の中の人と生物

第一章　縄文土器造形に見る〝ヒト―動物関係〟の始まり

小杉　康

一　生き物が生きるために生き物を食べる

ドキュメンタリー映画「ザ・コーヴ」が二〇一〇年七月に日本でも封切られました。第八二回アカデミー賞長編ドキュメンタリー賞の受賞を始めとして、世界中の二三冠受賞の謳い文句が宣伝チラシに躍っています。「コーヴ」とは入り江のこと。入り江に追い込んだイルカの群れに向かって銛を突き立てる。海面がイルカの血で赤く染まる。和歌山県太地町で行われてきたイルカ漁を隠し撮りしたその映画が、伝統的な生活文化を告発します。その後も引き続き反捕鯨団体のメンバーは執拗にカメラをまわして、漁師たちを「殺し屋」と呼んで非難しながら「殺戮」の映像をインターネット上に流します。漁師たちは畏敬の念をもってイルカを「捕獲」し、食して、命をつなぎます。「人間は命を食べて生きていく」と独白する漁師たち、その反問が続きます。

地球の生態系の異変を、ヒトが自らの活動、その手でもたらしてしまったのではないかとさえ危ぶまれます。環境保護が声高に唱えられる昨今、これまで伝統の名のもとに地域の誇りとして認識されてきた生のための営みが、次々と糾弾されています。このような時代の流れを象徴する出来事として〝スケープゴート（身代りのヤギ）〟にされた感さえある太地のイルカ漁。生き物が生きるために他の生き物を食べることは正なのか悪なのか。

現代の考古学研究においては、動物を主な研究対象とする「動物考古学」という分野が確立されています。遺跡、特に貝塚などに残された動物の骨などの遺存体（動物遺存体）を、動物学の専門のトレーニングを受けた考古学者が、それぞれの「属」や「種」などの生物分類上の種類の同定、骨の部位の特定、さらにそれぞれの出土量や割合を明らかにして、また死亡時の年齢や捕獲された季節を推定して、過去の人類と動物との関わり合いについて研究しています。当時の狩猟の技術や捕獲対象の種類、食料の内容や家畜化の程度など、さまざまな生業＝経済的な面からの取り組みがなされています。

動物が動物を食べるということ――生あるものの根源的な問い掛けであり、同時にきわめて現代的な課題でもあるこの問題について、本章ではこのような動物考古学のアプローチによる生業＝経済的側面からではなく、過去約一万数千年間にわたって日本列島で展開した縄文文化の中で、土器に表現された動物造形と人体造形との分析を通して、主に観念的な側面から考えてみます。まずは本題に入る前に、〝ヒト‐動物関係〟の始まりを考えるヒントとなる人類史上の二つのエピソードを紹介しましょう。

二　エピソードⅠ――ヒトは狩猟者か、それとも獲物か

一九二二年、南アフリカのヨハネスブルクに新設された大学の解剖学教室の教授として、解剖学者のレイモンド・A・ダートがイギリスから赴任しました。彼は標本作りのために動物の骨や化石の収集を始めます。石灰岩の採石場から持ち込まれた化石を整理していると、その中に小さな頭骨化石を見つけました。一九二五年、イギリスの科学雑誌『ネイチャー』に報告します。これが猿人、アウストラロピテクスの第一号化石の発見です。発見地の石切り場の地名をとって、その猿人化石は「タウング・ベビー」と呼ばれます。発表の当初は人類化石であるとはなかなか受け入れられませんでしたが、その後、多くのアウストラロピテクスの化石が発見されるようになりました。これらの人類化石といっしょに発見された動物骨化石には破砕されているものがあり、それは猿人によって狩猟、食されたものであり、ヒトはその当初から優秀な狩猟者、マン・ザ・ハンター(Man the Hunter)であったとする見解がやがて登場してきます。ここにシマウマやアンテロープを勇壮に狩る原始人のイメージができあがります。

さて今日では、人類の起源は七〇〇万年ほど前まで遡ることが判明しています。一方、これまでに発見された最古の石器は約二五〇〇万年前のものです。猿人の仲間、アウストラロピテクス・アファレンシスが残したものと考えられています。物質文化を直接的な分析対象とする考古学では、

人類史の最初のところを旧石器文化として捉えています（最初と言っても人類史の大半の時間幅に相当しますが）。旧石器文化とは、その名称が示す通り、物質文化（遺物）である石器が存在することを前提として認識されるものです。よって、旧石器文化は最古の石器が発見された約二五〇万年前から始まることになります。二〇一〇年には、アフリカ・エチオピアで約三四〇万年前の地層から発見された動物骨に石器による切り傷と思われる痕跡が発見されて、石器の使用開始の時期が従来の知見よりも九〇万年早まるのではないかと話題を呼びました。しかし、石器そのものの発見ではないので、その傷痕が本当に石器によるものであるかについては疑問も呈されています。いずれにせよ、人類の祖先とサルの祖先とが進化の系統樹上で分岐した約七〇〇万年前から数百万年の間は鋭い牙や爪に代わるような石器は作られていなかったことになります。もちろん自然の棒きれや石ころを振り回したり投げつけたりすることはあったでしょうが、それでゾウやヒョウなどの猛獣にはもちろんのこと、シマウマやガゼルなどの駿足の動物に立ち向かうことができたでしょうか。答えは否です。また、確実に石器である最古の例であっても、それは拳大の石ころの一辺を打ち欠いたもの（チョッパー）や、そこから打ち剥がされたかけら（剥片）です。チョッパーで樹の枝を敲き折り、剥片でその先端を尖らせたとしても（実際にはそのようなものはまだ発見されていませんが）、それは木槍というにはほど遠い「掘り棒」程度のものです。根茎類の採取や地面の巣穴に棲む小動物の捕獲には役立ったでしょうが、おせじにもマン・ザ・ハンターとは未だ言い難い姿です。動物を狩ることができるほどの強力な武器である木槍が登場するのは、確実な発見例では四〇万年ほど前の原人の段階をまたなくてはなりません。

では、タウング・ベビーを始めとする猿人の化石が、狩られたであろう動物骨化石といっしょに発見されたのはなぜなのでしょうか。化石に残された歯形の観察と現生のヒョウなどのネコ科の大型肉食獣の生態の観察、そして地層の形成過程を復元することによって、その謎が解明されました。これらの化石が発見される場所は、決まって石灰岩の採石現場ですが、猿人たちが生きていた数百万年前、その場所はサバンナ環境の石灰岩台地でした。長い年月を経る中で地下水の浸食によって地中に成長した空洞(石灰洞)は、地上よりも湿潤な空気で満たされており、それが噴き出す地上の割れ目付近にはわずかながら灌木が生育していました。その樹上はネコ科の大型獣の格好の食事の場です。ハイエナなどの死肉をあさる肉食獣に横取りされないように、ヒョウは獲物を樹上に引き上げて食べます。ばらばらになった骨は樹下に落ち、さらに地上の割れ目から石灰洞へと落ち込んで、そこに堆積します。そして長い年月を重ねることによってそれらは化石化します。すなわち、猿人の骨も他の動物の骨と同様に、ヒョウなどのネコ科の大型肉食獣によって食べられた結果なのです。タウング・ベビーの頭骨に残された傷は、猛禽類によって鷲づかみにされた際の鋭い爪跡でした。マン・ザ・ハンター(Man the Hunter)ではなくてマンザ・ザ・ハンティド(Man the Hunted)が、その実情であるようです。ヒト-動物関係の第一幕において、ヒトの役回りは強暴な動物の「食料」だったのです。

三　エピソードⅡ――猟犬の誕生

ヒト-動物関係の第二幕は、ヒトがハンターを演じ、動物が食料となる番です。原人の段階の木槍の存在、旧人の段階では意図的に打ち欠いた石のかけら（剝片）を木の棒の先端に固定した槍、すなわち石槍の登場が注目されます。

次いで考えられるのが、食料を始めとして、ヒトにとっての有用な資材を得るために動物を飼い育てる、すなわち動物の家畜化の段階です。これが狩猟から牧畜へ、すなわち食料獲得から食料生産へといった「普遍的な展開」として従来から支持されてきた人類史における展開過程です。そのことがどれほどの普遍性をもつものかを論じることがここでの目的ではないのでこれ以上ふれませんが、日本列島で展開した人類史においては家畜化の可能性が指摘されているのは弥生文化における「ブタ」です。これについても議論は分かれており、決着はついていません。ブタは野生のイノシシが家畜化されたものですが、その始まりは縄文文化におけるイノシシの犠牲獣としての飼育、すなわち儀礼的に殺処分するために飼い育てたことに求められるのか、あるいは弥生文化における水稲耕作にともなって家畜化したブタが取り入れられたものなのか、はたまたそのような家畜化は未だ進展していなかったのか、議論は紛糾しています。では、このような家畜化をもってヒト-動物関係の第三幕としたいところですが、それに先行する縄文文化における猟犬としてのイヌの存在に注目しましょう。早い例では縄文早期におけるイヌの埋葬例が知られています（愛媛県上黒岩遺跡）。またはヒトと同じ墓穴に埋葬された事例も知られています（宮城県前浜貝塚・晩期）。埋葬された状態で発見されたイヌの遺骸には、骨折が治癒している事例もあります（福島県薄磯貝塚・晩期）。もはや猟犬として働けなくなっても、飼い続けたことをうかがわせます。このような事例をただちに愛玩動物化の始まりであるとは言えませんが、ここでは猟犬としてのイヌの存在を使役動物の始まりの一例として理解し、これをもってヒト-動物関係の第三幕とします。よって、早くとも弥生文化以降になる食料・資材獲得のための飼養である家畜化が第四幕目のヒト-動物関係ということになります。

四　思考実験装置としての「縄文土器型式編年」

日本列島では一万数千年前（古く見積もる研究者は一万五千年前頃と考えている）から縄文文化が始まり、二千数百年前（古く見積もる研究者は三千年前頃と考えている）まで続きます。この一万年を超える時の流れを一概に語ることはできませんが、おおよそ定住生活を基本として狩猟・漁撈・採集を中心とした生業（一部では食用植物の栽培なども始められているようです）によって暮らしてきた人たちの文化です。その始まりは日本列島における土器製作の始まりをもって画する説が多くの支持を受けており、それが最初の縄文土器ということになります。その最初の土器から弥生土器が登場するまでの一万数千年間に日本列島の各地で製作されたさまざまな縄文土器を、その器形や文様、器種の組み合わせなどの特徴に着目して一定の時間と空間とを指し示すいくつもの単位に区分したものが「土器型式」です。「黒浜式土器」や「手稲式土器」などといったように、指標となる土器が発見された遺跡の名前をとって「○○式土器」と命名されます。その数は八〇〇前後に及びます。これを時間的・空間的に順序よく配列し、相対的な年代の尺度としたものが「縄文土器型式編年」です。粘土を材料とする土器は、その製作にあたって製作者の意図を巧みに表現することが可能です（可塑性に富む）。また焼き物であるので壊れやすく、新しい土器が頻繁に作られることによって、その都度微細な変化が蓄積されることになり、器形や文様に連続的な変化が生じやすい。さらに土器はことさらに特別な存在ではないために、当時の社会においてあまねく用いられていたものです。このような特性に着目して、考古学者は土器が用いられた文化・時代に対しては、それを相対的な年代の尺度として利用します。その一つが世界の先史文化研究においても最も細緻な土器型式編年として知られる「縄文土器型式編年」です。

先に最古の縄文土器の年代として具体的な数字で「一万五千年前頃」と記しましたが、これは問題とする土器と同時存在した炭（放射性同位体である炭素14）から理化学的な年代測定法によって求めた計測値を、さらに特定の手続きで換算した年代値であり、これらの値をもって相対年代である縄文土器型式編年に「今から何年前」といった絶対年代を与えています。

さらにこの縄文土器型式編年は時間的な括りとして大きく六時期に区分されています。それが草創期・早期・前期・中期・後期・晩期といった区分（大別）です（図1-1）。大別された各時期は時間の目盛りであるために、原則として時間的に横一線で画されるものです。ただし晩期の終わりにあっては、水稲耕作の開始を指標とする次の弥生文化の始まりとの関係上、地域によって時間的なズレが生じています。

さて、ここではこのような縄文土器に表現された動物造形と人体造形とを取り扱い、当時の人たちが自らと動物との関係をどのように捉えていたのかを探求します（図1-2）。縄文土器において顕著な動物造形や人体造形が登場するのは縄文中期の前半です。特に中部高地から関東南西部にかけての地域でのあり方が目立ちます。前述の土器型式では主に「勝坂式土器」に該当します。おおよそ五千年まえ前後の年代です。

現在発見されている「最古」の縄文土器は、青森県大平山元Ｉ遺跡で発見された「無文土器」です。先述の絶対年代で約一万五千年前といった年代値が与えられています。一辺一～三センチメートルほどの破片が四六片発掘されました（図1-1ⓐ）。文様はほとんどなく、表面の一部に浅い線が残っている程度です。このような単純素朴な土器から始まって、ほぼ一万年の歳月が経過する中で、縄文中期には図1-2に示したような身体（人体あるいは獣身）に見立てた土器、すなわち身体のメタファーとしての土器が登場します。そこで、ここでは次のような問題を設定します。

「土器のような器物を人や動物の身体に見立てるような認識／造形はいつから始まったのか？それによって彼ら彼女らは何を表現しようとしたのか？」

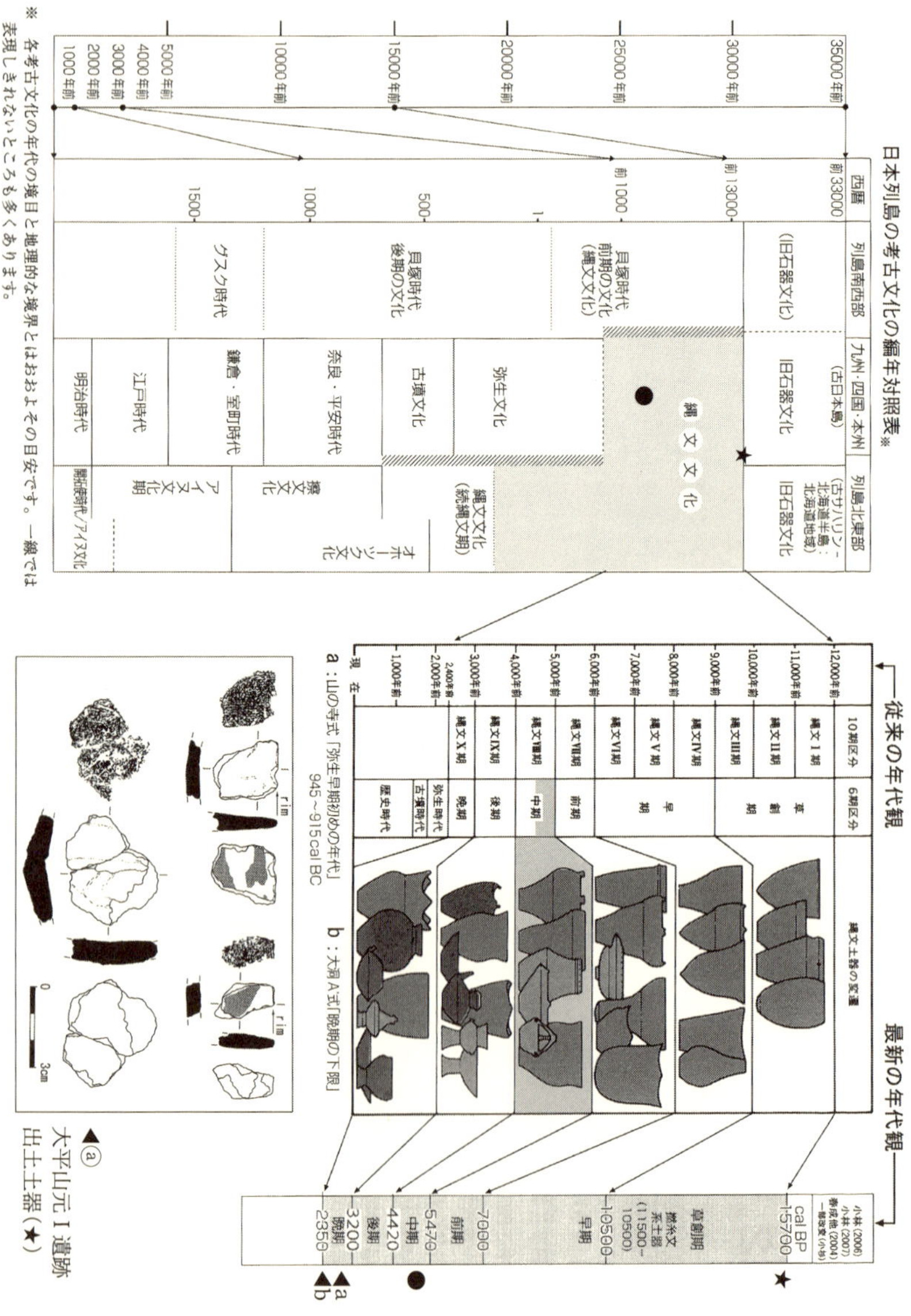

図 1-1　縄文土器編年表(大別)

問題とする身体のメタファーとしての土器を縄文土器型式編年表の中に位置づけることによって、その出現に至る過程を文様発達史として詳細に跡付けることが可能になります。年代の尺度としての編年表は、その第一義的な役割にとどまらず、動物造形や人体造形が出現する過程を再現する思考実験装置としての役割も果たしてくれます。縄文土器研究の醍醐味です。

図 1-2　身体のメタファーとしての土器（縄文中期）（図 1-1 中の●印に対応）

五　縄文土器文様発達史（抄）・四つの顔をもつ土器の登場まで

まず、縄文草創期の最初の縄文土器から中期の身体のメタファーとしての土器が成立するまでの過程を追いかけることにしましょう。

縄文草創期の土器は、小さな文様図形を横方向に単純に繰り返す構成の文様で器面を飾るのが特徴です。これを文様Aと呼ぶことにしましょう（図１-３）。文様Aでは土器の側面を一周するのに数十個の文様図形を描き付けることになりますが、三とか四と

図1-3　文様Aの土器(縄文草創期)

いったような小さな単位数をもって器面全体を均等に分割することはまだできません。

土器の器面全体を均等に分割することは、まず器形において実現します。縄文草創期末葉～早期に「四単位波状口縁」をもった土器が登場します(図1-4)。土器の上縁のところが大きく四か所で波打つ形態の土器です。円筒形を基本とする土器の側面を三とか四といったような小さな単位数をもって均等に区割して、そこに大振りの同じ文様図形を繰り返し描くことはかなり難しい作業です。そのような均等分割がなぜ口縁部形態において可能だったかは、ケーキを切り分ける状況を想い描いてください。上から見下ろす状態ならば、円筒形の口縁を均等に分割するのはたやすいことです。

では、土器の側面に大きめの文様図形を描くことによって、器面を横並びに均等に四つに区分するような土器はどのようにして可能になったのでしょうか。最も多く観察される事例は、四単位波状口縁の波頂部から土器の外面に垂線を描くことによって、器形(口縁)において実現された少数単位性を器面の文様へと取り込む土器です。これを区画単位文(文様B)と呼びます(図1-5)。

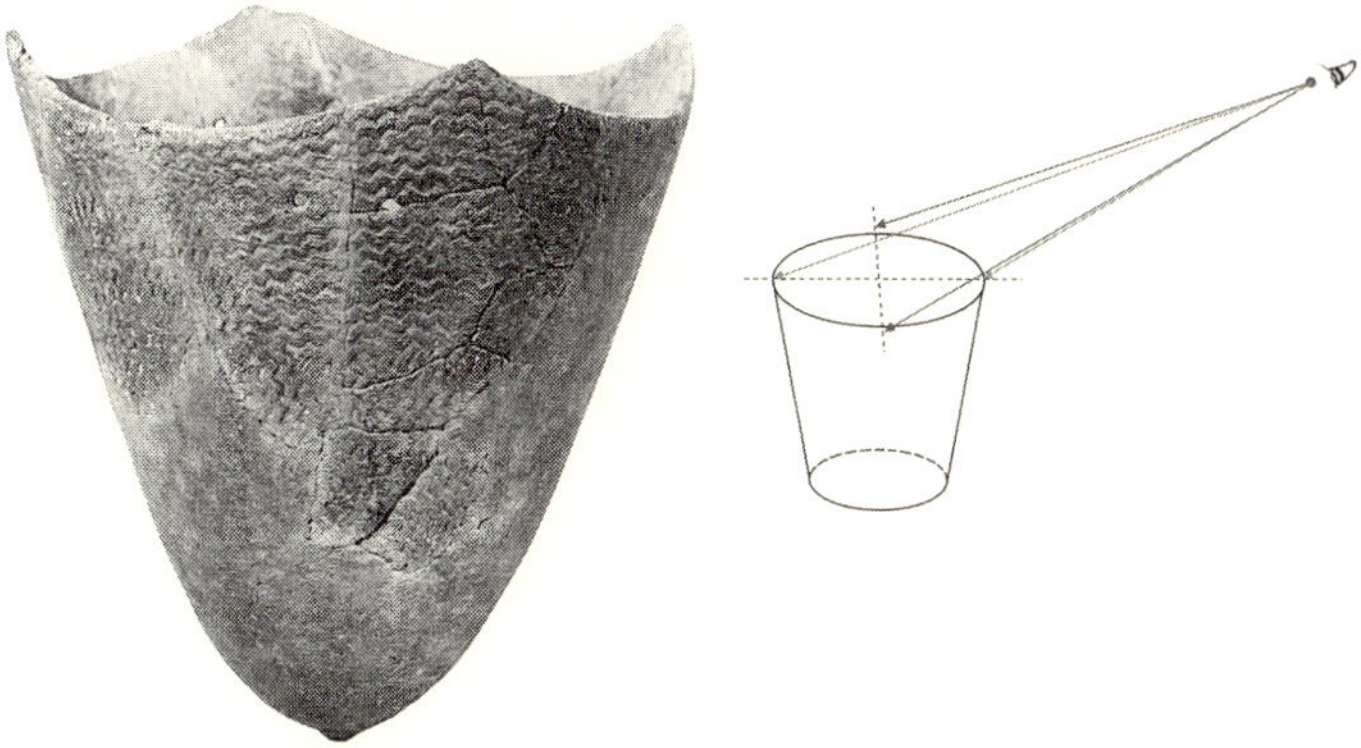

図 1-4　4 単位波状口縁の土器(縄文早期)

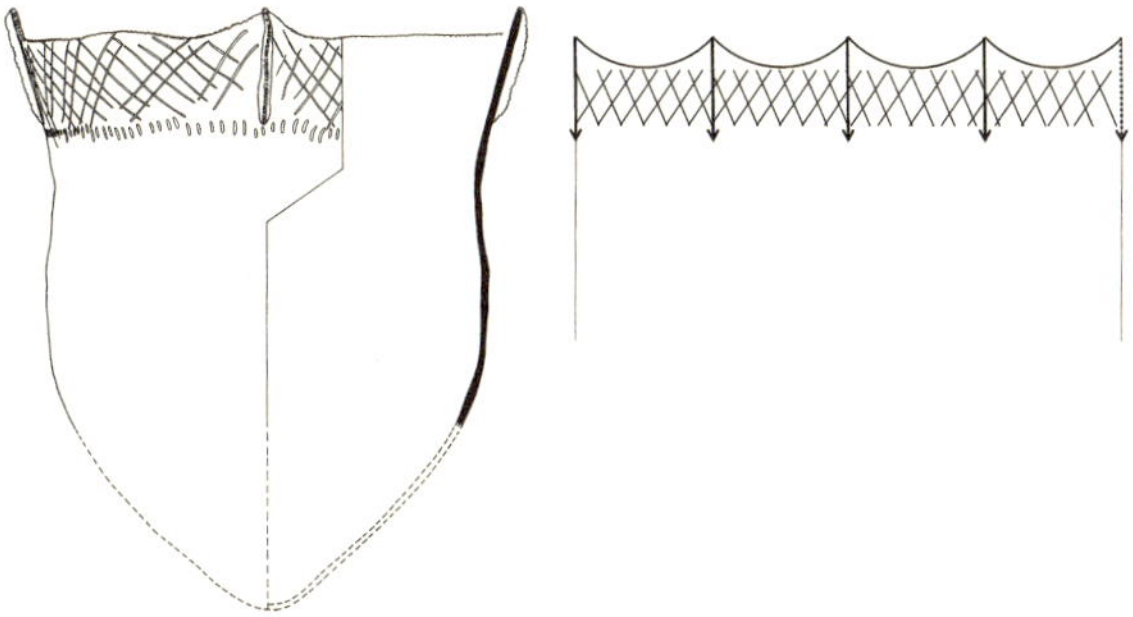

図 1-5　文様 B の土器(縄文早期)

あるいは波状口縁によって生じた口縁部の三角形の空間に一定の文様図形を嵌め込むようにして器形における少数単位性を器面へと取り込む文様も出現します。これが独立単位文（文様C）です（図

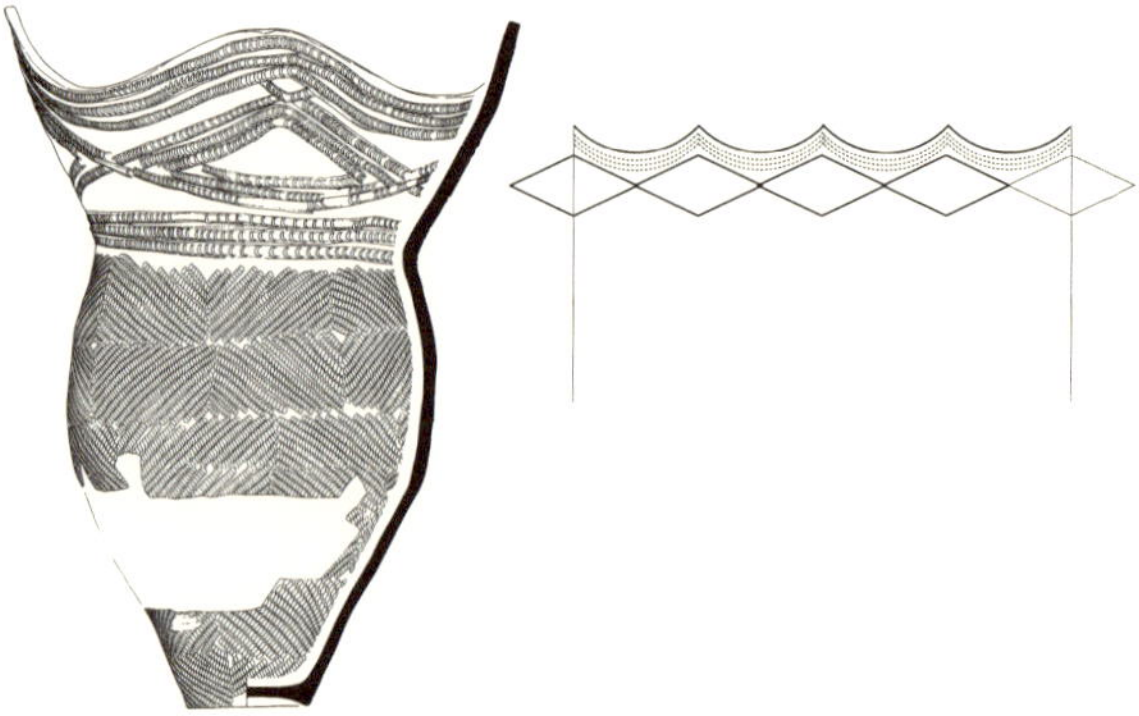

図 1-6　文様 C の土器（縄文前期）

図 1-7　四つの顔をもつ土器（縄文前期）

1-6)。文様Bも文様Cもいずれも四つの正面すなわち見られる「相対的な正面性」をもった土器であるといえます。以上の過程は縄文早期から前期前半の間に進展します。

文様Bは比較的カッチリとした構成の文様ですが、文様Cの土器においては波状口縁の波頂部と器面の文様とが原理的に相互不干渉であるために、やがて四つの波頂部に新たな造形表現が試みられます。そこで当時の人たちが行ったことは、相対的な正面性を強調するために、四つの波頂部に「正面をもった造形」を取り込むことでした。すなわち、外側を向いた獣面の造形(獣面突起)が波頂部に貼付されます(獣面造形の表現はしばしばイノシシを彷彿させます)(図1-7)。このようにして正面性はより強調されましたが、同時かつ必然的にさらに大きな変化が誘発されることになります。その手段が獣面突起であったがゆえに、かつての見られる「相対的な正面性」は見返す「相対的な正面性」へと変貌します。いわば四つの顔をもつ土器です。前期後半の「諸磯式土器」における出来事です。

六　4−2＝2の土器

さて、ここで問題としている「身体に見立てた土器」が成立するには、この四つの顔をもった土器から三つの顔を取り去ればいいだけのことです。4−3＝1の簡単な計算です。しかし、実際には次に作られた土器は違います。4−2＝2、すなわち二つの顔をもつ土器の登場です。縄文中期

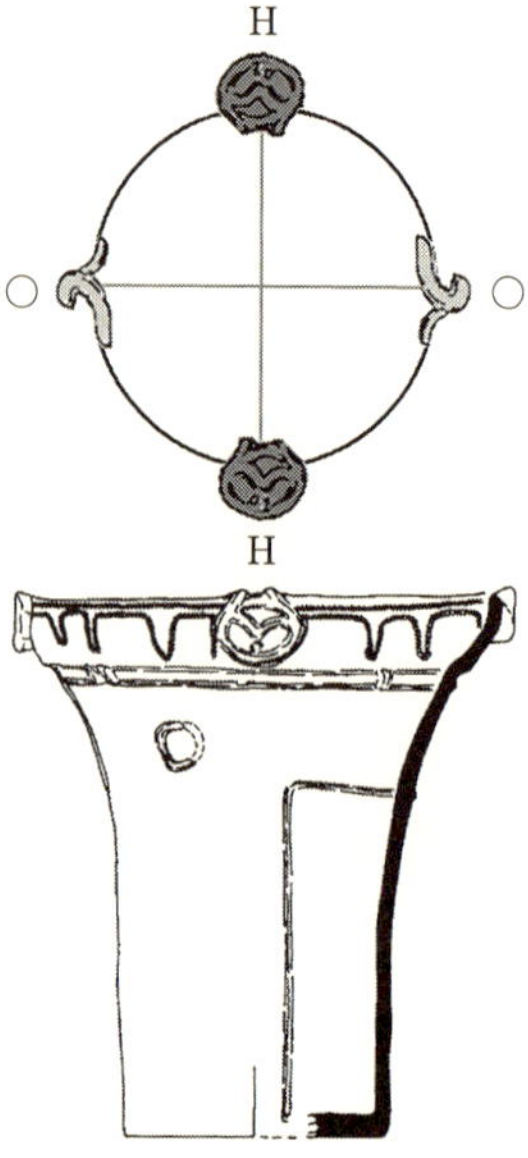

図1-8　4－2＝2の土器(宮之上型の土器：縄文中期)

初頭の土器です。

「4－2＝2の土器」とは、口縁部の四つの波頂部のうち対向する位置の二つに外向きの顔面突起を貼付し、残る二つ(これらも対向する位置になります)には縁から少し巻き込むような粘土紐(半巻突起)を貼り付けます(図1-8)。このような変化が生じる際に注意すべき二つの点があります。一点目は、四つの顔をもつ土器ではその顔の表現がイノシシを彷彿させるような獣面でしたが、二つの顔をもつ土器になるとその表現は人面へと変化します。それが人面であると判断できるのは、同時期に製作されている土偶造形の顔面表現と共通する特徴をもっているからです。二点目は、二つの人面突起の配置です。人面をH、半巻突起を○で表すと、それは二つ並びの「H－H－○－○－」となるのではなく交互に「H－○－H－○－」となる点です。

ここで改めて、なぜ四つの顔をもつ土器が二つの顔をもつ土器へと変化したのか、その理由を考えてみましょう。文様Bや文様Cで飾った四単位波状口縁、すなわち見られる「相対的な正面性」をそなえた土器においては、波頂部が「主」ならば波底部が「副」といった「主／副」関係をもつことになります。その波頂部に外側を向いた獣面突起が付されることによって「相対的な正面性」は強められますが、同時にそれは「見られる」から「見返す」への転換でもありました。そして、そのことが「顔面」表現をもって行なわれたがゆえに、そこには必然的に表裏（腹面／背面）の関係が発生することになります。土器は円筒形であるために、外側を向いた顔面（正面）に対する背面は必然的に土器の内側を向くことになります。しかし、煮炊きをするための深鍋である土器において、その内側は機能をまっとうするためにはいかなる装飾も拒絶する性質をもっています。すべてを無にする、という意味で「×０（かけるゼロ）の空間」といってもいいでしょう。土器の内側には背面を表現するようないかなる装飾も付けることができないのです。つまり、四つの顔をもつ土器の正体は「背面をもてない土器」だったのです。

しかし、そのような「四つの顔をもつが、一つの背面ももてない土器」はあまり長続きしませんでした。その理由として、アノマリーな対象に対して生理的な嫌悪感を抱くような私たち人類に広く認められる認知的な傾向が考えられます。アノマリーとは規範からはずれかけた周辺的な存在だったり、あるいは相異なる二つのカテゴリーに同時にあてはまるようなどっちつかずの状態にあったりすることです。例えば、人類学者のメアリー・ダグラスが紹介するレレ族（アフリカ）の祭祀の秘儀で用いられる穿山甲（アリクイ）は、アノマリー的存在の好例です（図1-9）。穿山甲は全身が鱗でおおわれていますが、れっきとした哺乳動物であり、幼獣には乳を与えます。魚のような鱗があるのに木に登り、卵生のトカゲのような形態をしていますが母乳を与えるといったように、形

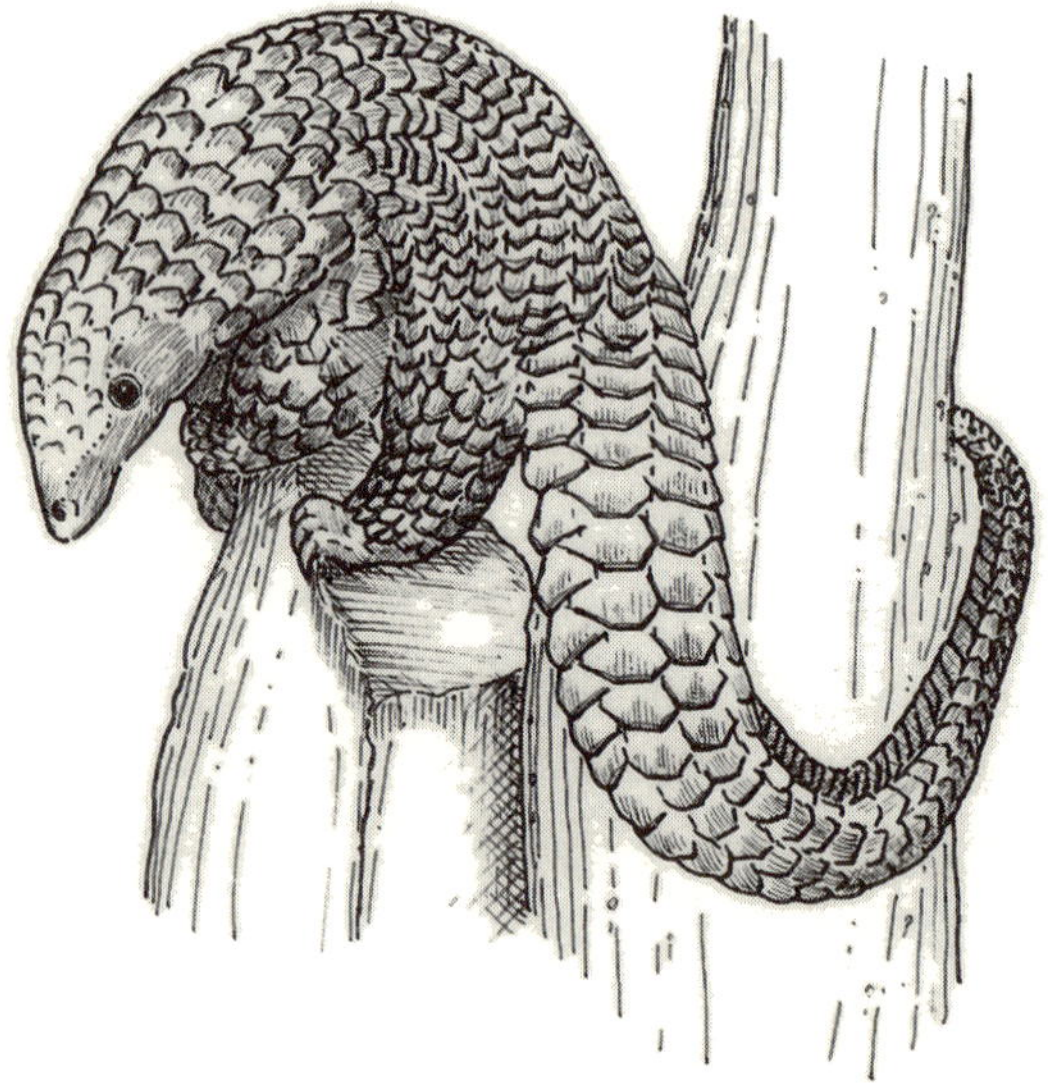

図 1-9　センザンコウ

態的にも生態的にも穿山甲はレレ族の動物分類の認識体系を脅かす存在です（ダグラス　一九八五、三一二頁）。これと似た説明がヘビに対する私たちの文化における感じ方についてもいえるかもしれません。

いずれにせよ、顔面（腹面）があるのに背面がない造形は、アノマリー的な表現であり、避けるべき対象だったのです。そこで次にとられた手順が、四つの顔面表現のうち二つのものを、顔面表現ではなく動物の尻尾を彷彿させるような半巻突起へと置き換えることです。それが先述の「4－2＝2の土器」です。そこで問題となるのが、二つの顔面表現と二つの半巻突起との口縁での配置です。「腹面／背面」の関係をストレートに表現するのであれば、顔面表現に対向する位置にあたる口縁に半巻突起をもってくればいいはずです。しかしそのような事例はほとんど見られません。そのような配置だと「H－H

ー○ー○ー」になってしまい、回転体である円筒形を基本とする土器にとってはきわめてアンバランスになるので、敬遠されたのだと思います。そこで実際には二つの顔面表現が対向し、二つの半巻突起が対向する「H－○－H－○－」の配置となります。よって、二つの半巻突起は顔面表現に対する「背面」というよりも「非正面」であると評価した方がいいでしょう。このような「二つの顔をもつ土器」の正体は「非正面」を取り込むことによってアノマリー的な表現を回避した造形であるといえます（宮之上型の土器）。

七　人体文の出現から人獣土器の成立まで

口縁直下の対向する位置に一つずつある顔面表現（人面突起）を結んで土器を縦方向に一周するラインを線分αとします。二つの半巻突起を結んで線分αと直交する同様のラインを線分βとします。次に登場する土器は、人面突起がのる線分αをあたかも正中線として、土器の側面に手（腕）・足（脚）・胴体といった身体各部位の造形が集まって、二つの人体文が表現されるものです（千ヶ瀬型の土器：図1-10）。この変化と連動して、前段階では「非正面」を表現するものであった線分β上の半巻突起は、その出自から動物（イノシシ）の尻尾を彷彿とさせる造形でしたが、そのような表現上の制約がなくなったためにか、粘土紐の巻き込みを強めて大形化した独自の表現（半巻隆帯文）になります。

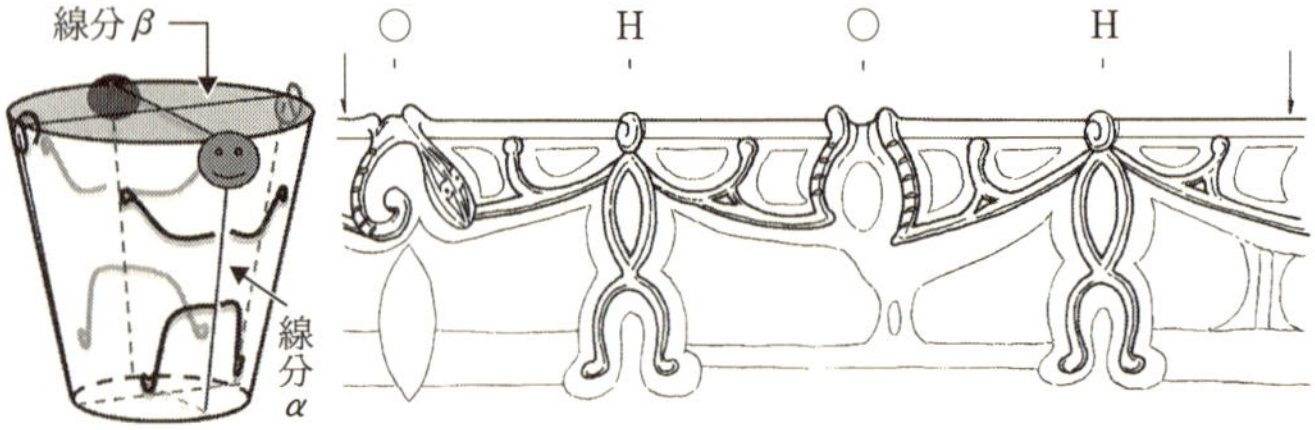

図 1-10　千ヶ瀬型の土器（縄文中期）

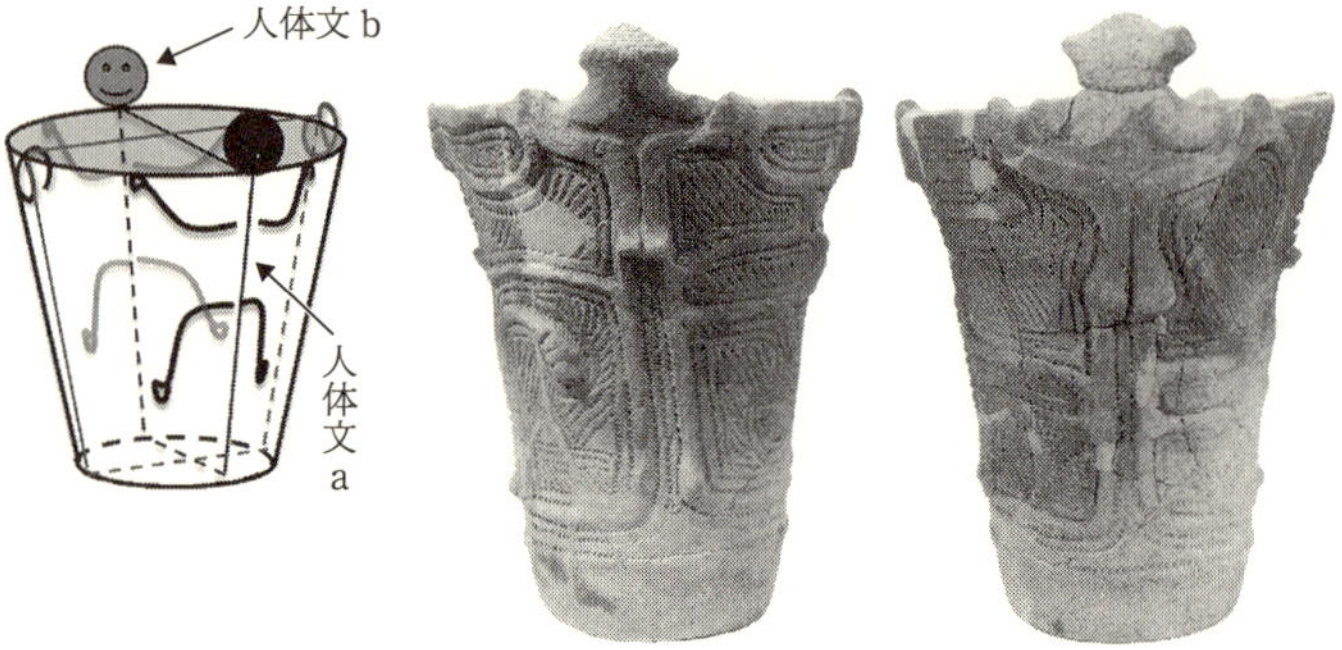

図 1-11　寺所第 2 型の土器（縄文中期）

顔面表現を土器の外側に向けた宮之上型の土器から発展した千ヶ瀬型の土器では、そこに表現された人体文がかなり省略された表現のものであっても、その系譜からやはり土器の外側を向くもの、すなわち腹面を表現したものであると判断できます。そして、これに続いて登場する土器は、人体文の頭部が土器の口縁から上方に突き出す位置に造形されたものです（図1-11）。この頭部が口縁から突出する二つの人体文はそれまでとは表裏の表現が逆転しています（人体文a・b）。すなわち突出した頭部の顔面表現は土器の内側を向き、よって土器の側面に貼り付いている体幹部は背面を表現した造形になります（寺所第2型の土器）。なぜ、このような変化がこの段階で生じたのかはっきりとはわかりませんが、次のような理由があったのかもしれません。湾曲する土器の外面に背側を貼り付けた状態では、左右に伸ばした両腕は後ろ側に大きく反らせる態勢になります。これではいかにも不自然な姿勢なので背腹の位置関係を逆転します。そうすると腹側を土器の外側の器面に付け、広げた両腕で土器を抱えるような態勢になり、ひとまず先の不自然さは解決します。しかし、新たな問題が発生します。口縁の上端よりも下の位置に貼り付いているこれまでの位置関係では、人体文は土器の外側の器面に顔を伏せたような表現になります。やはりこれも不自然な表現です。この態勢で顔を表現するためには、頭部だけでも土器の口縁の上端よりも上に出す必要があります。かくして、千ヶ瀬型から寺所第2型への変化過程が進行したのではないでしょうか。いずれにせよ、これによって一つの人体文（人体文ａかｂかのいずれか）だけで表裏（腹面／背面）の表現が可能な造形になったことになります。

そこで新たな展開が始まります。前段階までは二つの人体文（ａ・ｂ）と二つの半巻突起ないしは半巻隆帯文との組み合わせによって疑似的な表裏関係を演出するための非正面を作り出すことが必要でしたが、もはや一つの人体文のみで土器全体に表裏関係を表現することが可能になったのです。よって対向する二つの人体文は必要なくなり、そこでまずそのうちの一つ（ここでは人体文ｂの方としておきます）が消えます。人体文ａの対面にあたる人体文ｂが無くなったところに生じた空白を埋めるように、こんどは二つの半巻隆帯文があたかもそこへ移動して、合体して大形化したような造形

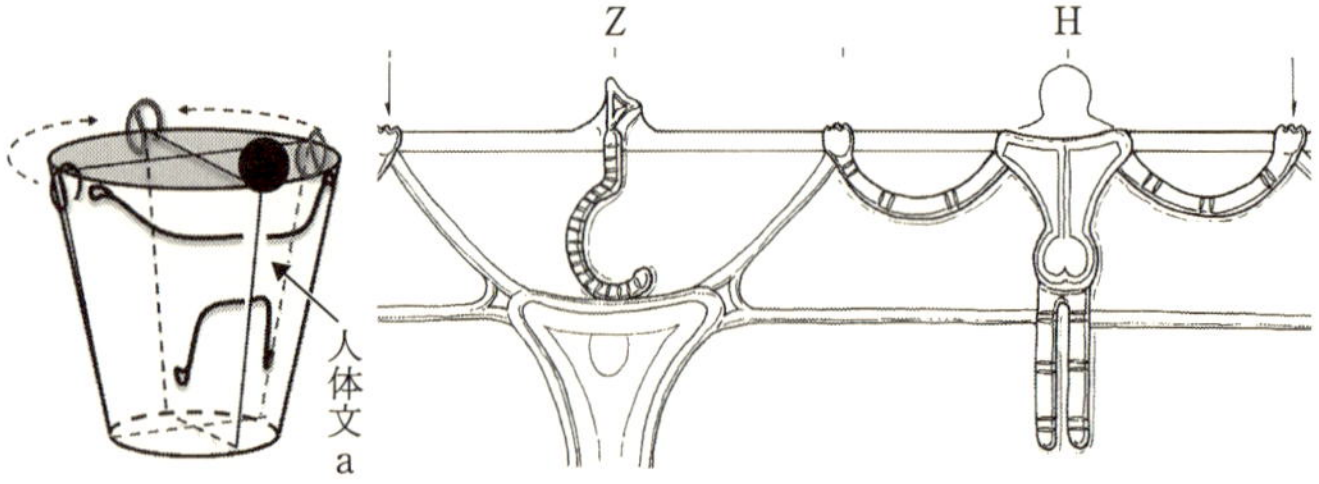

図1-12　木曽中学校型の土器(縄文中期)

として表現されます。ここに至り、それまで人体文と渦巻系の文様とが交互に配置されていた四単位構成は、人体文と渦巻系の文様とが対置する二単位構成へと変わります(木曽中学校型の土器：図1-12)。また大形化の方向に展開してきた渦巻系の文様は、この段階ではその対象を特定することはできませんが、ヒト(人体文)ではない他の生き物(動物)を表現したような造形になるので「獣身文」と呼ぶことにします。獣身文を「Z」で表すと、「H—・—Z—・—」と表記できます。このような人体文と獣身文とが対置された土器を「人獣土器」と呼ぶことにします。

八　人獣土器の展開

縄文前期後半の諸磯式土器における四単位波頂部の獣面突起から始まった造形表現は、中期前半の勝坂式において対向する人体文と獣身文との二単位構成から成る人獣土器へと展開しました。このような一連の変化方向は、人獣土器成立後では少し様相が異なってきます。それは基本的には人体文と獣身文との表現を、個々別々に、あるいは相

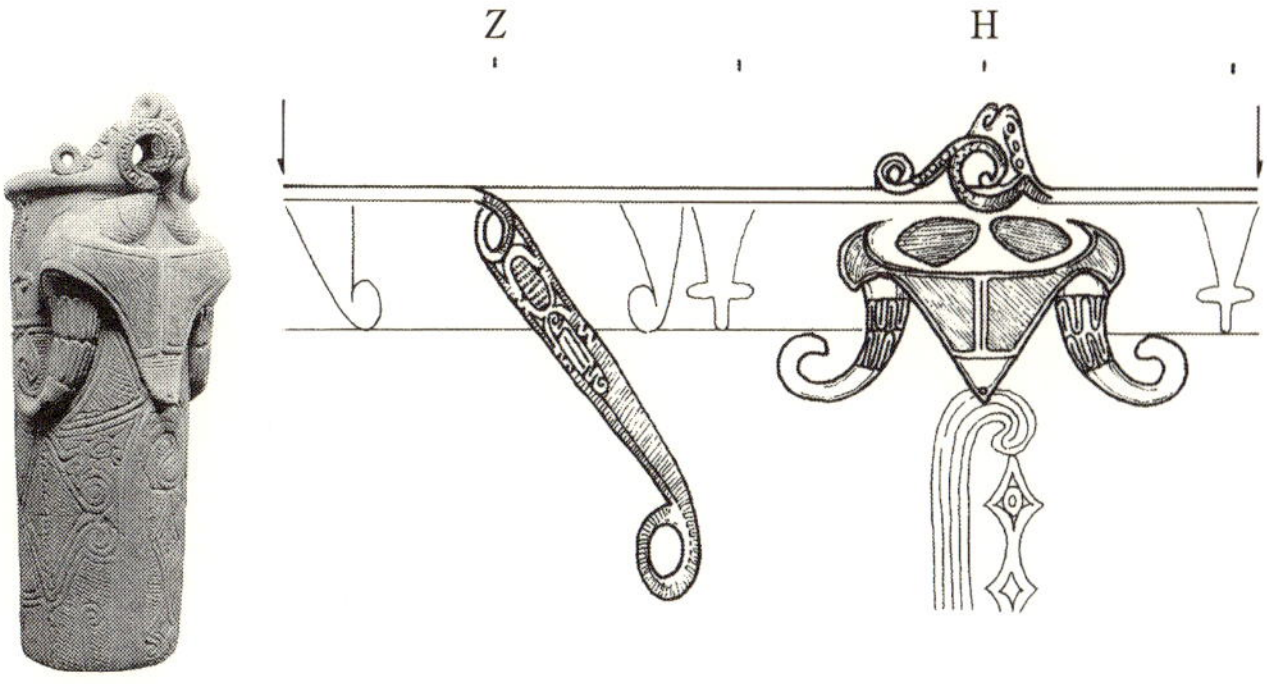

図 1-13　人獣土器（藤内 32 号址例①：縄文中期）

互に関連し合って、置換したり簡略化させたりすることによって、その異体（ヴァリアント）を繰り返し生み出すような方向への展開です。このような人獣土器の特徴を次の四点に整理できます。

第一の特徴は、人獣土器全体を通して人体文と獣身文とによる二項対立が通時的なモチーフとして存在している点です。人体文や獣身文によって表されているものは何でしょうか。人体文には、その頭部（顔面）表現が藤内遺跡三二号址例①（長野県）のように、大小の渦巻文を組み合わせた抽象的な環状渦巻突起となるものがあります（図1-13）。これが何であるのかは即答できませんが、他の事例には二つの円環が横並びになるいわゆる「眼鏡文」をもった双環状突起や、同時期の土偶造形の顔面表現と共通する顔面突起などがあります。さらに藤内三二号址例①の背面に相当する上半身の表現を考慮するならば、やはり人体文はその名称どおりに「ヒト」を造形対象としたものであると判断していいと思います。これまでに「神像」であるといった解釈もなされていますが、デフォルメされた顔面表現にヒトを超えたイメージをもったためだと思われます。しかしその場合でも、「神」が人体表現をとっていることを前提としています。そこまでの判断は難しいと思いますが、少なくとも「人間界」を象徴する造形であるといった想定は許されるでしょう。一方、獣身文についても、まず藤内三二号址例①を参考にしてみましょう。人体文に対向する位置に配された獣身文は、口縁から隆帯文がきつく巻き込んだ受け口状の造形が表現されます。さらにそこから右斜め下に向かって帯状の文様が沈文系の描線で描かれ、その先端が大きく蕨手状に巻き込んで集束します。本例のように、長く伸びて先端が巻き込む獣身文の形態は「ヘビ」を連想させるような造形表現です。ただしこの場合も、他の事例における表現の変異幅の大きさを考慮するならば、全体としては必ずしもヘビに限定することなく、「動物界」を象徴する造形であると判断したいと思います。このように人体文と獣身文による二項対立の表現は、人間界と動物界との対照性(コントラスト)を象徴したものなのでしょう。

第二の特徴は、人体文と獣身文との間で、構成要素が置換される点です。

また藤内三二号址例①を見てみましょう。人体文は背面上半身が逆三角形でレリーフ状に表現され、両肩口から左右斜め下に向かって腕が伸びて、その先端が蕨手状に巻き上がります。背面下半身には蕨手状の図形が沈文系の描線で表現されています。一方、獣身文は先にもふれたように、上端が受け口状に強く巻き込み、下端が大きく巻き込むような蕨手状の表現です。人体文の背面下半身と両腕、さらには獣身文の先端は、いずれもこのように特徴的な蕨手状の表現がとられています。

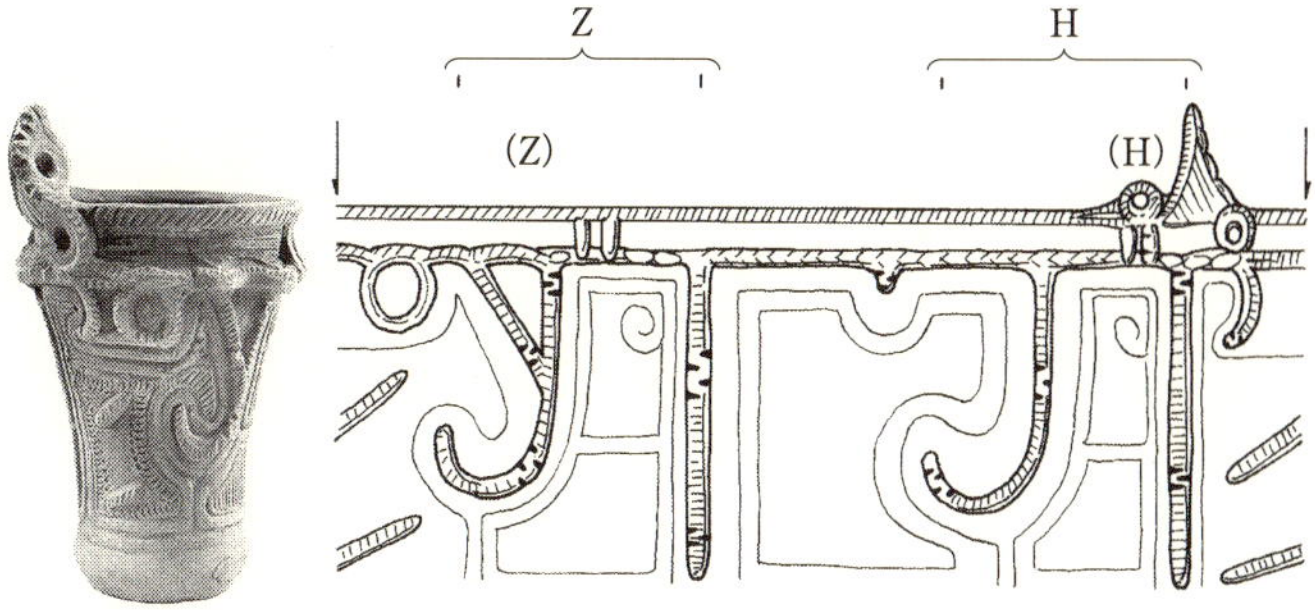

図1-14　人獣土器(藤内32号址例②：縄文中期)

どちらがどちらの表現を取り込んだのかは即断できませんが、本例の場合では獣身文の形態が自然とヘビを連想させるような表現になっているので、人体文の一部に獣身文の表現の一部が取り込まれたことになります。このように人体文と獣身文との間で、それぞれの構成要素が互いに置換されることによって、次々と新たな異体(ヴァリアント)の創出が可能になるのです。多くの人獣土器の間に見られるこのような関係は、「正本」なるものはなくてすべてが「異本(ヴァリアント)」であるという「神話群」に比すことができる特徴です(レヴィ＝ストロース　一九七二、二五二頁)。

　第三の特徴は、人体文と獣身文との間で、表現上の相似化が生じる点です。

　人体文の表現の簡略化が一段と進んだ藤内遺跡三二号址例②では、体幹部が垂下する一条の隆帯文で表現されます(図1-14)。腕部はかるく巻き込み気味になる先端部をもった左腕のみが、やはり一条の隆帯文で表現されます。これに対して、獣身文側の主文様は、上端が「Y」字状に分岐して、下端がかるく巻き込んだ蕨手状の表現であり、それが隆帯文で描かれます。さらにその右側には、人体文の体幹部と同様な垂下する一条の隆帯文の表現が取り込まれます。その結果は一目瞭然、人体文も獣身文もきわめて類似してしまいます。ただし、人体文の上方には口縁から大きく突き出した環状渦巻突起が付されているので、どちらが本来人体文側の表現であるかは判断可能です。このように第二の特徴とした構成要素の置換の繰り返しによって、人体文と獣身文との表現上の類似化はいっそう進み、対称的な構成（シンメトリー）が強まっていきます。

第四の特徴は、人体文と獣身文との関係は、これまでに見てきたように空間的な対立関係だけではなくて、「取り扱い」といった時間的に継起する関係でもある点です。これを理解するためには、多摩ニュータウンNo.46例（東京都）を読解しなければなりません（図1-15）。本例は双環状突起の付いた小形の土器ですが、人体文が逆三角形を呈する背面上半身と蕨手状に巻き込む腕部（右腕）とで表現され、また獣身文が大きく波打つようにくねる体幹部とその先端が蕨手状に巻き込む形状とで表現されており、人獣土器の優品である藤内三二号址例①の異体（ヴァリアント）であることは明白です。さて、この土器は発掘されて以来、長らく図1-15①のように図化されたものが公表されてきました。そのために特に気づかれることがなかったのかもしれませんが、この土器を手にとって眺めると、その正体が何であるかがわかります。本例の獣身文は、まさに「ヘビ」を表現したものであるといえますが、その頭部の先端には上側が丸くて下側が尖った楔状の造形が表現されています。同時期の他の事例で確認できる「蛇体文」の多くは、横方向に切り込まれた口部表現がとられていま

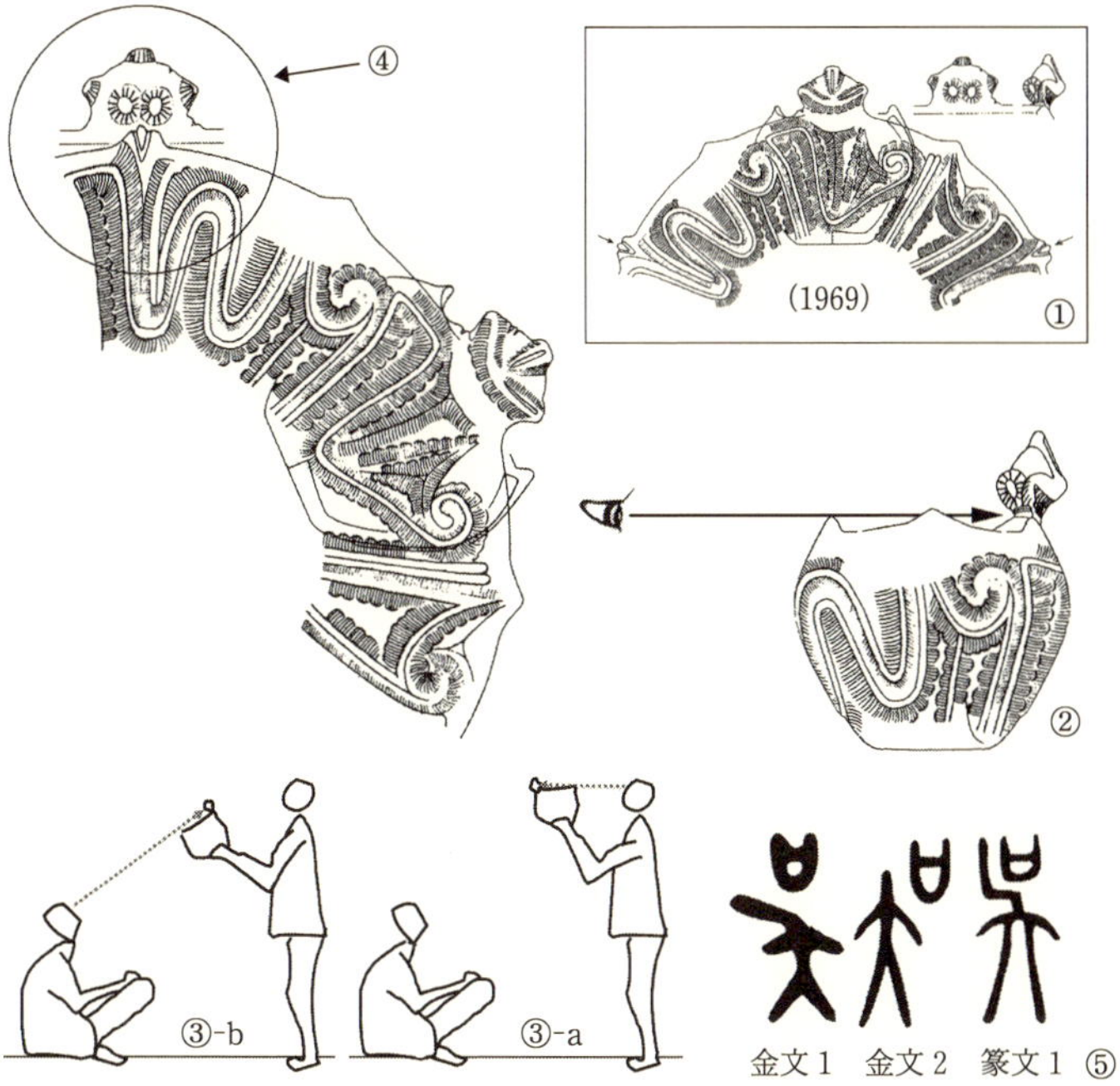

図1-15　人獣土器(T. N. No.46例：縄文中期)

すので、かなり趣を異にしています。一方、人体文の頭部(顔面)表現は二つの円環が横並びになるいわゆる「眼鏡文」をもった双環状突起です。眼部の特徴から「フクロウ」などに見立てる解釈もなされていますが、その場合、嘴は表現されていないことになります。そこで、獣身文を手前に、人体文が向こう側になるようにしてこの土器をもち、口縁を水平に保ったままでもつ者の目の高さまで掲げて、手前の獣身文側と向かいの人体文側とが重なるように見通すと(図1-15②、③-a)、一転そこに新たな光景が立ち現れます(図

1-15④)。あるいは土器をもつ者が観衆に対して、土器の向きを一八〇度持ち換えて、獣身文側から人体文側を見通せる位置に観衆の視線を合わせるときにも、その同じ光景が再現されます(図1-15③-b)。「眼鏡文」の下に接した楔形が合成された画像はフクロウなどの猛禽類の顔そのものであり、しかもその嘴で獣身文であるヘビの頭を銜えている光景です。

では実際に、このような取り扱いを土器は受けることがあるのでしょうか。その傍証として次の事例を紹介します。漢字の「呉」の字は、「人が頭を傾けて舞う形」の夨《そく》と「神への祈りの文である祝詞を入れた器の形」の口《さい》とを組み合わせた会意です。よって「呉」は祝詞を入れた器を掲げて、舞いながら祈る人の形を表したものです(図1-15⑤、白川　二〇〇三、一八二頁)。これをもって、上記のような多摩ニュータウンNo.46例において想定したパフォーマンスが存在したことの確証にはなりませんが、ここでは儀礼の所作において、土器に対してそのような取り扱いがなされることがあるということを確認できれば十分です。

では、さらに一歩考えを進めてみましょう。多摩ニュータウンNo.46例のような儀礼の所作として想定できたような人体文と獣身文の分離／合体を中心としたパフォーマンスを、より効果的に実施するにはどうしたらよいでしょうか。関連する一群の土器を考慮するならば、当初に問題とした身体(人体あるいは獣身)のメタファーとしての土器、すなわち人体に見立てた土器あるいは獣身に見立てた土器、それらの存在が気にかかります。仮にこれら二種類の土器を同時に用いて、分離／合体のパフォーマンスを演じたならば、一つの土器の口縁を傾けたり水平にしたりする所作によって行っていたのよりも、はるかにダイナミックな演出効果を期待できるでしょう。儀礼の過程が粛々と進められるのか、あるいは華やかに演出されるのか、人獣土器の場合はいずれなのか定かではありませんが、やや新しい段階になって身体のメタファーとしての土器が登場してくる背景にはこのようなことがあったと思われます。

この段階をもって、正真正銘の人に見立てた土器、動物に見立てた土器の完成といえるでしょう。当初に設定した問題への一つの解答です。

九　縄文中期の神話的思考

そしてもう一つの解答です。縄文中期の人たちは人獣土器の製作と使用、その使用には日常的な使用の場面と儀礼の過程での使用場面との双方が考えられますが、それらによって何を表現しようとしていたのかを考えてみましょう。

まずは、上述の人獣土器の四つの特徴から、順番は前後しますが、全体をもって一つの解釈を導き出すことができます。第一の特徴は人体文と獣身文との二項対立、すなわち人間界と動物界との対照性(コントラスト)でした。よって「人間界と動物界とを対比して、……」という意味が引き出せます。第三の特徴は人体文と獣身文との相似化・シンメトリー化でした。よって「……〈世界〉をコントラスト(対照性)からシンメトリー(対称性)へと転換する……」という意味が読み取れます。第二の特徴は人体文と獣身文との構成要素の置換による異体(ヴァリアント)の創出でした。これは「正本」なるものはなくて全てが「異本(ヴァリアント)」であるという「神話群」に比すことができる特徴です。よって「……〈主題〉を繰り返し変奏(ヴァリアント)する〈神話的思考〉が存在し、……」という意味があることがわかります。第四の特徴は、人体文と獣身文との関係は「取り扱い」といった時間的に継起する関係でもあり、儀礼の過程を演出する点です。よって「……〈儀礼的パフォーマンス〉として再現された。」という意味に解釈できます。

以上の解釈を、歴史的な背景を踏まえて一つの文章に整理してみます。

「中部高地から関東地方西部の地域に住む人々によって、縄文中期の前半の頃、今日の私たちが人獣土器と呼びうるような一群の土器が作られ、使用されていた。その土器は、象徴的な表現媒体として特定の儀礼の中に取り込まれて、彼ら彼女らの神話的世界の表出(＝土器つくり)と再現(＝儀礼過程)が繰り返されていた。その神話的世界の再現とは、《人間界と動物界とを対比して、〈世界〉をコントラスト(対照性)からシンメトリー(対称性)へと転換する〈主題〉を、繰り返し変奏(ヴァリアント)する〈神話的思考〉が存在し、〈儀礼的パフォーマンス〉として再現された》というものであった。あるいは、そのような人獣土器が日常的な煮炊きの器として使用されることによって、その〈主題〉が日々の暮らしの中で自覚的・無自覚的に繰り返し再認識され、人間界と動物界との間の対立・葛藤を均衡・調和へと向かわせる社会的心性がはぐくまれた。」

以上のように縄文中期に垣間見られた社会的心性あるいは神話的思考とは、狩猟採集民にとって特異なものではありません。多くの狩猟採集民の民族誌的な記録からは、人が動物を殺し、食べることの現実への心的な葛藤を、ヒトと動物との「原初的同一性」、さらにはヒトと〈動物＝神〉との間の「互酬的な関係」といった神話的思考をはたらかせることによって、人間と動物との関係を対称的に保とうとする彼ら彼女らの知恵を知ることができます（小杉　二〇一〇、二二三頁）。そして、この問題は長い人類史の過程においてすでに解決済とされたものではなくて、「今」を生きる人類がその都度自らの問題として繰り返し反問することによってのみ乗り越えてゆくことのできる課題なのでしょう。

なお、本章では土器文様の発達史として、縄文中期に至り成立する人獣土器を読解することから、その当時このような神話的思考、神話的世界が存在したことを確認しました。縄文土器におけるその製作技術とそこでの観念の表現方法とは歴史的な過程の中で時間の経過とともに発達しましたが、しかしそのことは縄文中期に至ってはじめてそのような思考や世界観が完成されたことを示そうとしたものではありません。それは彼ら彼女らの観念的世界を自ら物象化することによって、より強固に、かつ自覚的に、表現しうるようになったのが縄文中期であるということに過ぎないのです。

一〇　宮沢賢治の世界へ、ようこそ

では最後に、本章のまとめを宮沢賢治の世界に託して筆をおくことにします。

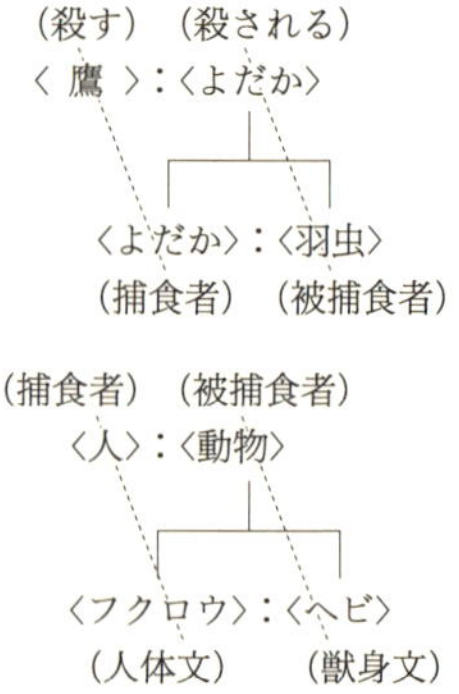

図1-16　賢治と人獣土器

フクロウがヘビの頭を銜えた光景が立ち現れる多摩ニュータウンNo.46例の人獣土器は不思議な土器です。餌食となったヘビのくるりととぐろを巻いたような尻尾は土器を半周して、それを銜えるフクロウの一部、あたかもその左の翼にも見えるように造形されています。その意味は何なのか。賢治の『よだかの星』では、理不尽な理由で〈鷹〉に殺されそうになった〈よだか〉が、実は毎夜飛び回りながら〈かぶとむしや羽虫〉を食べていた自分の姿に気づき、その不条理さに慄然とします。生きるために〈食べること〉と〈食べられること〉、それが不条理なのか真理なのかが問い掛けられます。多摩ニュータウンNo.46例では、食べられる側の動物の一員であるフクロウが、実は食べる側の動物でもあるといった捕食者と被捕食者との入れ子状の関係、あるいは捕食者と被捕食者との逆転が示されているのです（図1-16）。

あるいは『注文の多い料理店』。猟犬を連れて都会からハンティングに来た二人の紳士は、銃で撃たれた動物たちがのたうちまわる姿を楽しそうに思い描いて語らいながら、深山へと入り込みます。山はさらに深く、案内人とはぐれ猟犬も死んでしまいます。獲物は取れず、お腹もすいてきたとき、山中にて一軒の西洋料理店「山猫軒」をみつけ、中に入ります。長い廊下を進みながら、いくつものドアをくぐるたびに店から客への注文がありました。そして最後のドアの前に立ったとき、紳士たちは自分たちが料理の具材として下ごしらえされていたことに気づきます。ヒトは生きるために他の動物を殺して食べます。しかし、そのためであっても殺すことが快楽になってしまったとき、動物たちはその立場を逆転させて仕返しをするのです。人獣土器から読み解いた縄文中期の神話的思考が彼ら彼女らに範として示していた内容が、賢治の世界へとつながってゆきます。

さて、『注文の多い料理店』には最後にどんでん返しがあります。死んでしまったと思っていた猟犬が駆けつけて、危機一髪の紳士たちを助けてくれます。賢治の優しさかもしれません。このとき命を救ってくれたのが、エピソードIIで紹介したように人類が最初に使役動物としたイヌだったというのも偶然ではないのかもしれません。

〈参考文献〉

Binford, L. R. *In Pursuit of the Past*, (Thames and Hudson, 1983)
松井章『環境考古学への招待』(岩波書店、二〇〇五年)
C・レヴィ＝ストロース「神話の構造」(田島節夫訳)『構造人類学』(みすず書房、一九七二年)
白川静『常用字解』(平凡社、二〇〇三年)
M・ダグラス(塚本利明訳)『汚穢と禁忌』(思潮社、一九八五年)
小杉康編著『心と形の考古学――認知考古学の冒険』(同成社、二〇〇六年)
小杉康「物語性文様――縄文中期の人獣土器論」(小杉康・谷口康浩・西田泰民・水ノ江和同・矢野健一編『縄文時代の考古学11　心と信仰――宗教的観念と社会秩序』同成社、二〇〇七年)
小杉康「縄文文化とアイヌ文化」『縄文時代の考古学1縄文文化の輪郭』(同成社、二〇一〇年)

宮沢賢治『新修宮沢賢治全集』（筑摩書房、一九七九、八〇年）

第二章　日本最古のテーマパーク？
――奈良公園に見る人とシカの関係史

立澤史郎

環境の保護・保全が重視されるようになった一方で、増加した野生生物と地域住民との〝軋轢〟も増しています。中でも、ニホンジカによる農林業被害や生態系被害は、各地で深刻な社会問題となり、これまで被害防除や個体数調整などの方策がとられてきましたが、減らすどころか、増加を食い止めることさえ難しいという状況が続いています。このような中、野生生物とうまく付き合ってゆくためには、自然科学的な発想による「管理」を進めるだけでなく、人文・社会学的側面(Human-dimensions)の研究、即ち地域社会のあり方や、私たちと野生動物との関わり方を見直そうという動きが広まっています。

ここでは、私たちと野生動物との関わり方を捉え直すきっかけとして、〝奈良公園のシカ〟を取り上げたいと思います。奈良公園には、天然記念物にも指定されるニホンジカの集団「奈良のシカ」が生息し、適度に人慣れ(馴化)したその姿が多くの人々に親しまれています。「奈良のシカ」の成立過程については諸説ありましたが、この「神鹿」は宗教的な理由だけで成立した態様ではなく、往時の権力者や社寺の思惑と、ニホンジカという動物の特性とが絶妙に相まって成立してきたということがわかってきました。

本章では、時代を追いながら、お社に護られた「春日野のシカ」が、政治闘争の道具としての「春日神鹿」へ、そして優れて生態学的な認識の上にデザインされたとも考えられる「奈良のシカ」へと変転してゆくようすを、文献・資料から探ってみたいと思います。

一　奈良のシカと奈良公園

異例の都市公園

奈良公園は、みなさんご存知のように、東大寺や興福寺などの社寺仏閣(文化景観)と若草山などの自然景観が一体化した独特の風情や、大阪や京都から一時間以内という便の良さから、国内だけでなく海外からも多くの観光客(年間約一三〇〇万人)を集める一大行楽地です。都市公園としての奈良公園は、明治一三年に当時の官有地や社寺領を合わせて開設されましたが、現在五〇〇ヘクタール以上あるその敷地面積のほとんどは実は山林地であり、大半の観光客が訪れるいわゆる「平坦部」(約四〇ヘクタール)は「奈良公園」の一部でしかありません。このように、都市公園としては例外的に、広大な自然環境が、観光地と隣接した形で維持されていることが、奈良公園の大きな特徴です。

その奈良公園の主人公として古くから親しまれ、近年は「奈良の大仏さん」を凌ぐ人気を集めているのが「奈良のシカ」です。奈良公園には約一二〇〇頭(オス約三〇〇頭、メス約七〇〇頭、当年生まれの子供約二〇〇頭)が生息するとされており、緑の芝生をはんだり観光客に餌をねだる姿は、古都奈良のイメージ形成や経済的になくてはならない存在と言われています。

シカという動物

この、多くの市民に親しまれている「奈良のシカ」は、昭和三二年に天然記念物に指定されていますが、生物学的には日本列島と東アジアに分布するニホンジカ(*Cervus nippon*)であり、取り立てて貴重な存在ではありません。その指定の理由は何かと言えば、「歴史的な価値と野生動物でありながら自然馴化した特有の生態による学術的価値」、つまり、「神鹿思想」に代表される宗教・歴史・文化的な背景・位置と、〝品のよい〟人慣れ具合いが認められたことによります。

シカの仲間(シカ科 Cervidae)は、その優美な姿、草食で臆病ゆえの平和なイメージ、そして何より資源としての有用性から、古来世界中で愛でられ、そして利用されてきました。その用途は非常に幅広く、美味な肉や内臓(レバー、腸詰めなど)の他、毛皮(上着、敷物など)、皮革(衣服、鞄、靴、楽器など)、骨(骨髄食、装飾品、工具、楽器、卜占など)、そして他の動物群がもたない加工しやすい枝角(装飾品、工具、薬など)や蹄と、およそ利用できない場所がないほどです。特に、北海道から九州の離島部まで分布する日本列島のニホンジカは、遺跡から出土する動物のトップであり、また、甲冑・

下着・足袋・防具(小手・竹刀・前垂れ・面の紐)や根付けなど、戦時も平時も歴史や文化を支えてきた動物なのです。

また、この動物の「利用価値」には、群れて資源量が大きく、しかも大型哺乳類としては珍しく、再生産率(妊娠・出産率)が高いという特徴が含まれます。これは、環境条件(特に食物条件)に合わせて群れのサイズ(数)や増加率(出生率や死亡率)を大きく調整できるということで、環境変化への適応が得意な動物だといえます。この〝可変性〟の大きさは、人慣れの程度にもいえます。狩猟や肉食動物の脅威に曝されると、森の奥深くに姿を隠して出てきませんが、危害を加えないとわかると(とりわけ食物があると)、最も警戒心の強いはずの仔連れのメスさえ、昼間でも平気で出てくるようになります。

世界に誇る'deer park'

さて、このように資源価値が高く、人慣れしやすいシカ類ですが、実はその家畜化は難しかったようで、約四〇種現存するシカ科の仲間で家畜化に成功したのはトナカイだけだといわれています。

家畜化できない資源動物をうまく利用するには、その動物が〝いい(好ましい)状態〟で生息できる環境(生息地)を維持する必要があります。このため、特に中世から近世にかけて、欧州や、そしておそらく日本でも、領主は〝資源〟をいい状態に保つためにコストをかけて生息地(領地)を管理してきました。そういう領地の象徴であったシカ類は、それゆえ大切なゲストをもてなすジビエ

(野生鳥獣食材)の代表格であり、その管理や鑑賞のために維持された場所がdeer parkだったのです。

もちろん、奈良公園はこの本来の意味のdeer parkではなかったと思われますが、上記のような歴史的・文化的背景をもつ国(特に英・独・仏)の人々が奈良公園を訪ねると、なぜ日本にこのようなdeer parkがあるのか、誰がこのdeer parkを作ったのかと驚きます。そして、食べるためではなく、宗教的理由から成立したのであり、シカの方もそれに呼応して安心した姿を見せるのだという説明を聞くと再度驚き、そのような文化・歴史に敬意を抱き、神秘性さえ感じてくれます。しかも、これだけの数のシカが社寺を縫って自由に闊歩する「シカ公園」は、世界的にもあまり例がないわけですから、世界中から観光客を集めるのも頷けます。

「奈良のシカ」成立の謎

ところが、この世界的に知られる「シカ公園」をいつ誰が作ったのか、誰も答えを知りません。もちろん、神護景雲二年(七六八年)に常陸国(今の茨城県)から鹿島神(武甕槌命)が白鹿に乗って遷座したとされる春日社伝が引用されたり、都市公園として整備された明治一三年以降だろうと推測されることはありますが、実際のところはどうなのでしょう。一六七二年以降に角切り行事が行われていた記録があることなどから、江戸時代初期にはすでに人間による何らかの管理が行われていたことは間違いありませんが、その起源や、維持・管理の目的や内容が不明なのです。

臆病で馴れやすく、増えやすく減りやすい、この厄介な動物の大集団を、あのように、逃げ出しもせず、完全なペット化もしない状態で数百年間維持するには、よほどの生息面積と食物が必要です。それを維持・管理する膨大なコストを、誰がどのように払っていたのでしょうか。

特に、七一〇年の遷都以来、高密度の人口を維持してきた奈良の都のただなかにシカ公園があるわけですから、そこではシカと人との間にさまざまなトラブルも生じていたはずです。それはどのように回避・解決されていたのでしょうか。そしてそもそも、現在いわれているように、宗教・文化的にこの地のシカが愛護され続けてきたという理由だけで、「奈良のシカ」が成立し、維持されてきたのでしょうか。

二　「春日野のシカ」から「春日神鹿」へ

春日大社の起源

「奈良のシカ」は、一般的には「春日さんの鹿」という表現が示すように、春日大社の管理物という認識が浸透しています。では、その春日大社はいつ頃から彼の地にあり、そこに「神鹿」が存在したのでしょうか。春日大社（春日社）の起源と「奈良のシカ」の起源が同じとは限りませんが、まずは春日大社の起源について検討してみましょう。

この地、奈良盆地の東北部（かつての大和国添上郡春日郷）はそもそも、古代豪族である春日《かすが》氏《うじ》が治めており、大和朝廷の支配が早くから及んだ場所といわれています。現在の春日大社本殿に入ると、その片隅に小さな社殿、式内社（境内摂社）である「榎本神社」があります。実は藤原氏による春日大社（旧称春日神社）創建以前にこの地にあったのが、春日氏が地主神（一説に榎本明神）を祀る榎本神社であり、これが〝そもそもの〟春日社と考えられています。

では、現在のいわゆる春日大社（〝新〟春日社、春日神社）は、いつどのようにして成立したのでしょうか。春日大社（春日神社）には、春日明神、もしくは春日権現と総称される四神、武甕槌命、経津主命、天児屋根命《あめのこやねのみこと》、天美津玉照比売命《あめのみつたまてるひめのみこと》がそれぞれ祀られています。社伝（『古社記』）などによれば、神護景雲二年（七六八年）に、中臣鎌足のひ孫（不比等の孫）で、当時の左大臣であり藤原氏の氏長者（一族の筆頭）であった藤原永手が、中臣氏の領地（または出身地）であった常陸国（いまの茨城県）から国作り（大国主命から皇統への国譲り）の立役者で軍神の武甕槌命（鹿島）と経津主命（香取）を、また、中臣氏の一族が建立した枚岡神社から中臣氏の始祖ともされる天児屋根命とその妻である天美津玉照比売命を勧請して、御蓋山の麓に社殿を造営したとされています。

これが藤原氏の氏神としての春日社の誕生になるわけですが、その時期については、藤原不比等が平城遷都の際に鹿島神（武甕槌命《たけみかづちのみこと》）を春日の御蓋山《みかさやま》に遷して春日神と称したという説もあれば、もっと後だという見解もあります。実際にはいつのことだったのか、検証できる史料はほとんどありませんが、一つ、面白い地図があります。東大寺山堺四至図（図2-1）と呼ばれる地図で、七五六年の印があるので、大仏開眼供養（七五二年）の直後の東大寺周辺のようすだと思われます。これを見ると、今の春日大社の位置には、「神地」という表示しかありません。社殿が描かれていないだ

図 2-1　「東大寺山堺四至図」
（模写本，部分，奈良女子大学所蔵，作者・制作年不詳）

けでなく、春日山（御蓋山、この図では南北度山峯と記されています）が「禁足地」であったようすもありません。これらのことから、〝新〟春日社の造営は、社伝のように七六八年、もしくはそれ以降ということができます。ちなみに、一〇〇六年の記録（藤原行成『権記』）には春日社や本殿の記載があるため、この間にある程度社殿の造営が行われたと推察されます。

「春日野のシカ」の起源

ここに、奈良時代初期のシカと人の関係がうかがえる興味深い歌があります。

（四〇四）ちはやぶる神の社しなかりせば　春日の野辺に粟蒔かましを（娘子）
（四〇五）春日野に粟蒔けりせば鹿待ちに　継ぎて行かましを社し恨めし（赤麻呂）

万葉集（桜井訳注　一九九五）に収録されたこの二首は、元正年間（七一五〜七二四）の佐伯宿祢赤麻呂と遊女のやりとりとされ、春日野で粟を蒔いて鹿を待つようにあなたを待つものを、社（奥さん）がそれを邪魔する、という戯れ歌です。やりとりそのものも面白いですが、当時、粟を蒔いて鹿寄せ（鹿猟）をしていたこと、そして、春日野に社があって、そのために（春日野では）鹿猟ができない、という状況だったことがうかがえます。

ただしここで、社は神殿そのものを指すのではなく、杜や叢と同義であり（しかも森林とも限らず）、やはりそこが「神地」であった、ということにしかなりません。この歌は、春日野の地が、そもそも（奈良時代初期には）シカが出没する場所であり、そして「神地」ゆえ狩猟ができなかった、さらにいえば、神地で狩猟ができなかったからシカがよく出没した、と解釈するのが妥当でしょう。

そうであれば、藤原氏がこの時期に「神地」に関与していたかどうかは不明ですが、神聖な場所ゆえ手がつけられず、それゆえシカが出没した、という意味では現在の奈良のシカの原型がすでにそこにあったともいえます。もちろん、万葉集（巻三）の編集年代が不確かであることを考えると、後の春日社（神殿）創立以降に詠まれたものである可能性も残りますが、藤原氏の関与以前から〝春日野の鹿〟が存在した可能性も出てくるわけです。この点については、「神地」の実態を明らかにする必要があるでしょう。いずれにしても、この時期にはまだ、藤原氏と「春日野のシカ」は特別な関係では結びついていなかった可能性が大きいと思われます。

「神鹿」の誕生と転換

春日社の社伝では、鹿島から勧請された武甕槌命《たけみかづちのみこと》が御蓋山に降臨した際、白鹿に乗って（もしくは白鹿が先導して）影向されたとされています。そのようすを表した「鹿島立神影図」や説話を表現する「春日鹿曼荼羅」は、いずれも荘厳な出来映えで、そして春日社とシカの一体感をよく具現しています。しかし、「鹿島立神影図」の製作年代は古くとも室町時代（一四世紀）より遡るものではなく、いわゆる「春日鹿曼荼羅」（図2-2）も一一八二年頃の関白近衛基道の夢想が発端といわれています（『興福寺由来記』）。

このように、春日社と鹿が結びついて「神鹿」という発想が一般化するのは一二世紀後半のことだったようですが、それではその「神鹿」の起源はどこにあるのでしょうか。

「神鹿思想」というのは、実は漠然とした用語です。仏教説話では、釈迦の説法を最初に聞くなど、さまざまな場面でシカが出てきます。また、資源価値の高さを反映して、日本（シシ＝鹿）のように、〝シカ〟という語を獣や狩猟獣という意味で用いる地域も見られます。ただし、シカそのものが神となる例は多くないようで、「春日の神鹿信仰」でも、シカはあくまで神の遣いであり、神聖ではあっても神そのものではありません。では何を遣わすかというと、それは神の思し召し（意向、意思）であるわけです。

さて、先の『権記』（一〇〇六年）では、行成が春日社に参拝した帰りにシカに遭遇し、「これ吉祥なり」と「逢鹿」を慶んだようすが描かれています。実はこれが奈良公園界隈でシカの目撃を吉祥とした最初の記録となります。しかし、ここには〝珍しいものに出会った〟、〝いいことが起こる前触れだ〟という中国伝来で古代日本の皇室や貴族に広まった「吉祥思想」の表れは認められても、〝春日の鹿〟〝神鹿〟という発想があったかどうかは判然としません。

図2-2　春日宮曼荼羅

次に主要な史料中で〝春日野のシカ〟を吉祥とする記録は、一一一二年に現れます。当時の関白藤原忠実が、春日社に寄進する仏塔の建立場所の候補地を探し歩いた際、現在の国立博物館敷地周辺(当時の地名「春日野」、古称「飛火野」、現在の飛火野とは別)で四〇〜五〇頭のシカの群れに出会って吉祥と喜び、この地に春日西塔を建立したというものです(『中右記』)。

しかし、ここでもまだ春日社とシカとの特別な関係はうかがえません。「春日の神」と、春日野周辺のシカが明確に結びついた記録は、一一四八年の左大臣藤原頼長の日記(『台記』)に見ることができます。内容は、〝鹿の夢を見た、これは吉祥であり、春日(の神)のご加護である〟という短いものですが、鹿が「春日の神」の意向を示す存在(春日の神の遣い)だという「神鹿思想」を示していると言えます。

その後、参詣の際に多数のシカが出てきたのは春日明神の感応であり最初の鹿には車を降りて拝むべき云々(一一七七年、『玉葉』)、参詣時にシカにあって合掌小礼した云々(一一八九年、同上)、「神鹿」に逢ったという送り書きを受けた(一一九五年、同上)など、一二世紀半ば以降、いわゆる「春日神鹿思想」を示す表現が見られるようになります。

このように、〝春日神鹿〟が成立するには、周囲のシカの低密度化(希少性)、春日野の環境(環境適性)、そして春日社の成立(神聖性)という三つの条件が満たされる必要があったのだと思われます。

神鹿思想定着の背景

平安時代の前半は、春日社に氏神（祖神と守護神）を祀る藤原氏が勢力を拡大し、宮中での実権を不動のものにしてゆく過程でもあります。平安遷都で地方都市となり、急激に人口密度が低下した旧平城京の近郊では、シカや野生動物が分布域を拡大し、市街にも出没するようになったでしょう。ただそれだけであれば、同時に住民のコントロールも効きづらくなり、〝密猟〟を含めた捕獲圧が相対的に高まって、やはり市街地にシカが闊歩するような光景は出現しないはずです。おそらくこの時期は、春日社が控える春日野など、非常に限られた範囲でのみ、シカの〝禁猟〟状態が実現していたのではないかと推測します。

それに対して平安後期は、事情が変わります。先に見たように、一〇〇六年以降、春日社近くでの「逢鹿」を吉祥としたり、「神鹿」として扱う記録が出てきます。この一〇〇六年（最初の〝吉祥〟譚）から一一九五年（最初の「神鹿」呼称）までが、いわば「神鹿思想」の定着期といえますが、この時期（一一八二年頃以降）にはまた、春日社と神鹿の関係を具現する「鹿曼荼羅」類が出現し、「春日」や「鹿」を詠み込んだ歌も多く見られるようになります。

このような、一一世紀から一二世紀にかけての春日社と神鹿の関係の強化は、なぜ進んだのでしょうか。明確な理由を示す史料は見あたりませんが、無視できないのが、藤原氏の社会的地位の不安定化です。この時期はまさしく院政時代と重なり、摂関政治のリーダーであり続けた藤原氏の影響力や社会的地位が著しく低下します。そのような状況で、増加しつつあった春日野（とりわけ春日社周辺）のシカを吉祥として、氏神に事態好転の祈りを捧げることは、当然の行為だったと思われます。

また、社会背景として、いわゆる「末法思想」の影響も考えられます。末法とは仏教において仏法が衰退する時期を指しますが、一説では釈迦入滅後千年目の一〇五二年(永承七年)が末法元年とされ、そしてその頃から貴族、とりわけ藤原氏を軸とした摂関政治が陰りを見せて、実際に治安・政情・世情が不安定な時期に突入します。この時期は、後世の終末思想に似た人々の反応が多々あったといわれ、経塚造営などの作善行為が盛んに行われました。ちなみに、記録上、最初に経塚を造営したのは藤原道長(一〇〇七年)で、一〇〇六年やそれ以降の逢鹿吉祥譚なども、そのような不安感と政治的状況が重なって、生まれたものだったのではないでしょうか。社会的不安、藤原氏の政治的凋落、そして増加しつつあった春日野のシカ、という三要素が重なることで、「春日神鹿」の〝必然性〟が高められていったのだと思われます。

しかし、だからといって、シカたちが現在のように奈良市中を闊歩するようになったわけではありません。今の光景の基本型、つまり人とシカの不思議な信頼関係が築かれるには、政治の後押しが必要でした。

神木動座における神鹿の役割

平安時代、貴族政治が充実し、大寺院が広大な荘園などの資財を背景に強い勢力・政治力をもつようになると、資財を守ったり紛争を解決するために武力装備が不可欠になり、衆徒(しゅうと、の

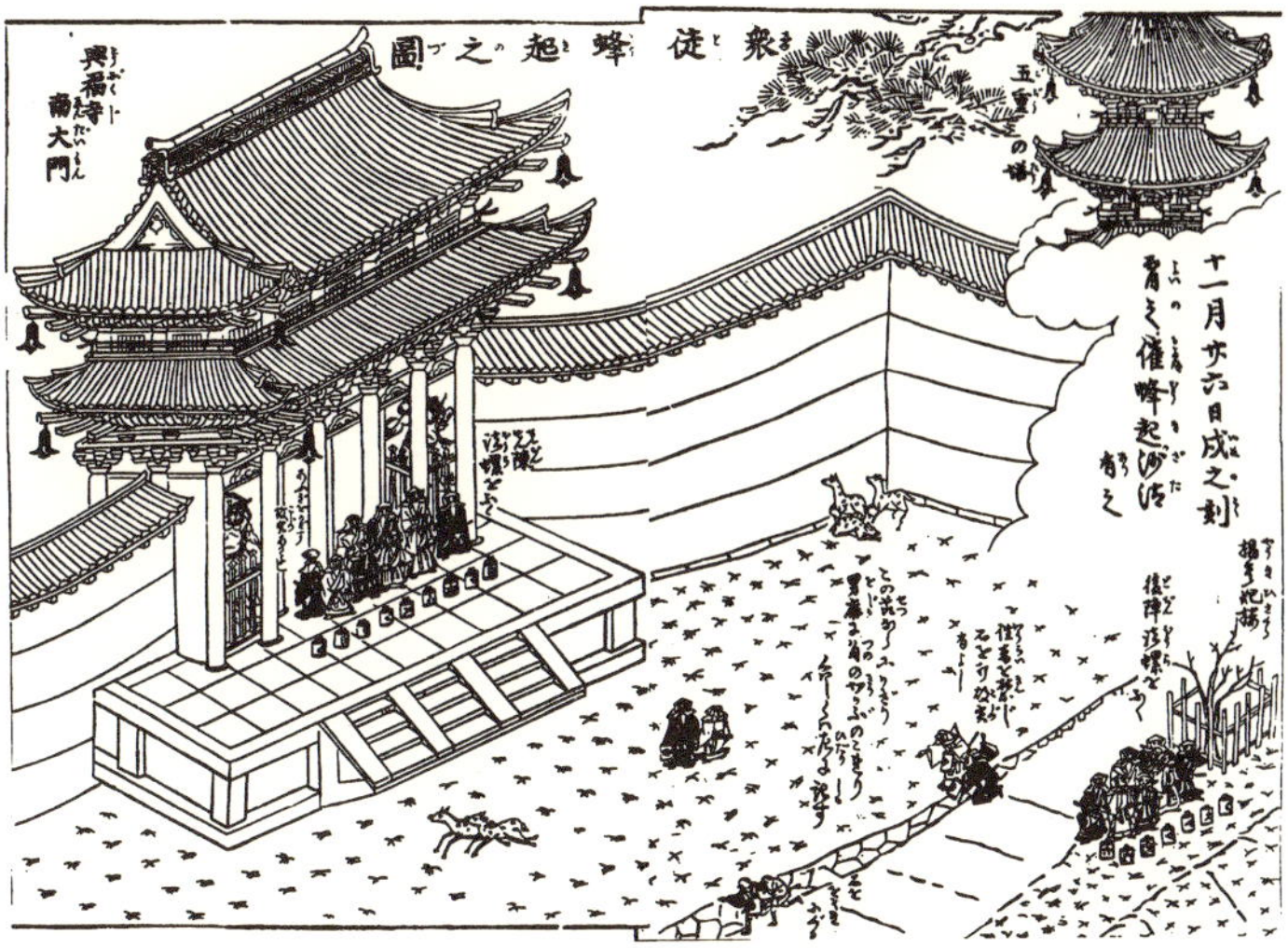

図2-3　興福寺衆徒が蜂起する横を徘徊する〝神鹿〟

ちに僧兵と呼ばれるものとほぼ同義）や神人（じにん）と呼ばれる下級神官や下級僧侶たちが武装勢力として社会的影響力をもち始めます（図2-3）。当時は神仏習合が進んで、主要な寺院と神社は一体の関係にありました。興福寺は春日明神を勧請することで、春日社の荘園の管理なども行うようになっていました。具体的には、年貢や債務の取り立て、土地（とくに荘園の）境界争い、果ては人事など、さまざまな紛争に積極的に〝出挙〟するようになり、紛争を解決するとともに、財や権限を蓄積していったと思われます。

衆徒は、社会的・政治的・宗教的な問題の解決を求める手法として、「強訴」をたびたび行いましたが、いくら武力に訴えても、その行動に正統性がなければ、利害関係者を納得させたり世間の支持を得ることはできません。それゆえ、衆徒は勧請した守護神にその典拠を求めました。しかも、上洛するにあたり、強訴集団が足止めされたり攻撃されないためには、神が〝同行〟していなければいけません。その神の一時的な同行が「動座」であり、そこに神輿や神木がともなうため、神輿動座（延暦寺）や神木動座（興福寺）と呼ばれます。

興福寺衆徒による神木動座は、九八六年から一三七九年までに計七三回行われ、そのうち二〇回は入洛したといいますが（奈良県教育委員会　一九一四）、そこに〝神鹿〟が〝舞台回し〟として登場します。

一一一三年の〝永久の強訴〟では、上洛をめざした興福寺大衆と白河法皇方軍勢が宇治で激突しましたが、そのきっかけは飛び出た鹿を法皇方が射ようとしたためだと伝えられます。これはたまたま飛び出た野生のシカが合戦のきっかけになったという話ですが、シカをうまく使ったものです。また、一二三六年の石清水八幡宮との水利権を巡るトラブルでは、神木動座により宇治まで上がった際、シカ五頭が春日から上がってきたのを神人が見たという記述があります（若宮神主千鳥祐定の日記、『春日の神は鹿にのって』）。

さて、興福寺大衆による七〇回以上にわたる神木動座の中で、最も大きな歴史的成果をもたらしたのは、一三七一年の神木動座です。この動座はなんと足かけ四年（一三七一～一三七四年）にわたる長期戦ですが、実は相手は北朝の〝神器なき天皇〟だった後光厳院（当時は上皇）でした。

神木入洛中の一三七三年には、〝入京中〟だった「神鹿」三頭を、土地の人々が打とうとするという事件が発生します。この際、二頭は逃げたものの一頭が打たれますが、そのシカは神木に従い近くの六条殿に入って庭に伏し、集まった人々がみな神徳だと随喜したとあります（『神木御動座度々大乱類聚』上野ほか　二〇一〇）。しかもこのシカ、三日後には春日山に〝送り返され〟、なにやら記念する施設が作られたとあります。この三頭のシカは果たして奈良から連れてこられたのか、どのような施設が作られ、送り返された一頭は飼育されたのか、等々、当時のシカの扱いを知る上で非常に興味深い事例です。

さらに翌一三七四年の正月には、強訴に処する手がなく孤立していた後光厳上皇が三七才の若さで体調を崩します。すると御所にシカ一頭が忽然と現れ、その数日後に院は崩御します。結果的に院政は崩壊し、春日社の昇階などの成果を得て、同年一二月に氏長者はじめ藤原氏の公卿一同を供に、神木はようやく帰坐します。

なんとも恐ろしい霊験ですが、このいくつかの例でもわかるように、「神鹿」は神の意向や何かが起こる前触れとして活躍するようになりました。平安末期から鎌倉・室町（南北朝）時代には、神仏習合と武家社会化の動乱を背景に、藤原氏の精神的・宗教的意味に重きが置かれた〝春日の杜の住人〟から、興福寺による政争の具としての「神鹿」ブランドへと、「春日野のシカ」の人間社会における役回りは大転換したといえるでしょう。

三　保護から管理へ

神鹿保護の権限

「神鹿」を護りつつ利用してきた興福寺と大衆の権勢は、織豊政権下で、衰え続けます。織田政権下では、大和武士の代表格である筒井氏の筒井順慶が大和国の大名と衆徒頭を兼ねる体制を作りますが、順慶の死後（豊臣政権下）は通常の所領として幕府の管理下に置かれることになります。

その後、徳川家康が天下人となると、幕府による大和国の管理強化がより進みます。家康は、開幕直前の一六〇二年に、社寺巡礼目的で南都に入り、東大寺、興福寺、春日社に権限や領地を与え、さらに以下の禁制を発布しています（『奈良公園史』）。

禁制

一、興福寺春日社神鹿之事
一、神木伐採事
一、土石掘取事
一、猿沢池魚取事
一、於山内殺生之事

附、神鹿殺事
右於令違犯者、可処厳科者也。
慶長七年寅年八月日　　家康

これはもちろん、まだそれなりに勢力を有する南都の社寺を手なずける目的があったのでしょうが、社寺境内地での殺生や伐採の禁止、とりわけ神鹿を殺したものは厳罰に処すと家康が明記したことで、国家による神鹿と神域の保護体制がスタートしたと解釈できます。

実際には、一六一三年に設置される奈良奉行所は、以後半世紀にわたって、勢力を残存させる社寺や大衆とのせめぎ合いに苦労することになります。そして、その力学が最もわかりやすいのが「神鹿」に関する権限の所在です。

それまで検断や処分の権限を一手に握っていた大衆ですが、一六六八年、神鹿を食い殺した犬の飼い主に春日社の祢宜が傷害を負わせたという一件では、祢宜の処罰と〝興福寺あやまり〟という結果（〝寺法より国法〟）となり、この事件以後、奈良奉行所は神鹿殺しの犯人を捕まえても大衆（衆徒）に引き渡すことがなくなり、興福寺は神鹿管理の実権を失っていったと考えられます。

さらにこの時期、奉行所側と社寺側との実権交替を象徴する〝政策〟が始まります。それが「犬狩」です。そもそも往時は、興福寺と春日社の権勢により、黙っていても犬を入れるものはなく、万一野犬が侵入してもすぐに対処がなされていました。それが、次第に街中に野犬が増え、犬を飼う者も現れて、人ではなく犬による「鹿殺し」が増えて問題化しました。そこで奈良奉行は、興福寺と春日社に圧力をかけて、大衆や神人を動員した「犬狩」を毎年一回行うことにしたのです。

この犬狩は、数十人により近郊を含む二〇か村・地域で行われましたが、殺すのではなく足の腱を切断するという〝古法〟を踏襲して行ったようです（『奈良叢書』）。これに対し村々では、犬がいないことを示す「犬無之」との札を掲げて対応したそうですが、きっと愛犬を隠したり、見つかって犬を処分された村人もいたことでしょう。

神鹿徘徊と角切り事始め

さて、この犬狩の話は、今の奈良公園平坦部だけでなく、その周囲も含めて一〇キロメートル四方以上を探索し、シカを襲う犬がいない空間を作り出したわけですが、逆に考えれば、それだけ街中をシカが出歩いていたということになります。

そこで、改めて街中での神鹿の記事を探ってみると、秀吉の時代に入って世情が安定する一六世紀末から、街中でのトラブルが増えていることがわかります。その中でも神鹿の徘徊に注目してみると、例えば以下のような記述があります（『多聞院日記』）。

一五九〇　天正十八年十二月二十五日

中橋破損修理了、（並）ユヤノ垣近所へ鹿入ル間申付之。

『多聞院日記』

「ユヤ」とは「湯屋」のことで、この時期すでに寺院は、神鹿の敷地への侵入を防ぐために垣を巡らせていたようです。

また一六六九年の以下の記述も注目されます。

一六六九　寛文九年五月十六日
細川之衆呼に被遣御申被成候は、大蔵宗及焼屋敷より鹿はいり候由に而、町之者共迷惑かかり候、然は今迄は垣なともいたさせず候へとも、鹿はいり麦なと咀候へは皆者共めいわく可致候間、鹿之とおらさる様にかきいたし候へと御申付也。

町代　太左衛門
『奈良奉行所記録』

能方の大蔵宗及の屋敷が火事になって、そこからシカが侵入し、麦を食べるなど住民が皆迷惑しているので、垣を造らせることにした、というものです（『奈良奉行所記録』）。この記述からは、町方の〝外側〟にかなりの密度のシカがいたことや、その侵入が家々の連なりで防止されていたことがわかります。ここで、外側とは、春日野から春日山に連なるエリアであり、神鹿は決して街中で囲われ飼われていたわけでないこともわかります。

さて、外から侵入し、徘徊する「神鹿」と奈良の住人の間には、当時どのような〝軋轢〟があったでしょうか。当時の記録を見ると、犬による鹿殺し、食害、オスジカの角による人やシカ自身の怪我・死亡が、三大問題となっています。このうち、犬の問題は「犬狩」で対処し、食害に対しては「雪洞《ぼんぼり》」と呼ばれる独特の防除具が用いられていたことがわかっています(図2-4)。やっかいなのは、盛りのついたオスジカが、その立派な角で人や器物を損壊したり、オスジカ同士が〝角突き〟をして時に死に至るという、角の問題です。

幸い、シカ科の角は、毎年落角して生え替わります。しかも、秋に完成した角の組織は生きていませんから(枯れ角)、そこに刃をあてても血は流れず、シカも痛がりません。これは、殺生はもちろん、神鹿に危害を及ぼすことにもならないという判断がされたのでしょう、ついに、今に知られる「角伐り」が始まります。

一六七〇　寛文十年六月二十八日
春日神祠遷宮のとき祠辺鹿の多く、人の悩みとなれしかば広き網を設けて、数多くの鹿を追い入れ、網より出せる角を尽く伐りて、衆人の患を除く、是より年々の例となる。
『大和百年の歩み』『一話一言』蜀山人集

図2-4　シカの採食を防ぐために設置された〝雪洞〟

　この記述によれば「角伐り」の当初の目的は、神鹿の怪我や死亡を避けるためというより、参詣客の怪我を防ぐためであったことがわかります。当時、奈良はすでに観光地となり、観光客の大半を寺社の参詣者が占めました。そういう経緯があって、この角伐りも、犬狩同様に奉行所側が興福寺と春日社を説得し、皮肉にも春日社遷宮というタイミングで始まったものです。以後、毎年の恒例となったということですが、決していわゆる〝神事〟ではなく、人間社会との軋轢を軽減するための管理手法として始まったものが噂を呼び、角伐りそのものも観客を集めるようになってゆきます。つまり、宗教でも政治闘争でもなく、地域管理、強いて言えば観光地管理の一環として始まったといえるでしょう。

木戸による市街の神鹿捕獲装置化

さて、奈良の町方はおおよそ碁盤の目で区切られ、それぞれの街区は、寺社の垣や土塀、または連なった住宅の壁などで囲い込まれていました。その内側(内庭など)で麦などを栽培していて、そこにシカが侵入したというのが、先の一六六九年(大蔵宗及焼屋敷)の事例でした。

一六七〇年に角伐りは始まりましたが、これを効率よく行うには、シカたちの行動制御が必要になります。ところが、この街区ごとの仕切り(壁、塀、垣)と、町方周囲の垣囲いだけでは、侵入を制御できても、行動を制御することはできません。そこで、当時、数多くの社寺・僧坊が建ち並んで街区を形成していた、その碁盤の目の交点、つまり辻々に、強固な木戸が造られるようになりました。

実はこの「奈良木戸」の用途については、諸説あるのですが、全体の配置をみると、僧坊等からシカを排除し、一方で必要な場所にシカを集めるという、シカの行動制御がしやすい配置となっており、決して人の制御だけではなく、シカ集団の効率的管理をめざした発明であったと思われます。
実際に神鹿の角伐りは、長い間、市中を徘徊しているオスジカを対象に行われ、それを追い詰めたり目的の場所へ集めるために、辻々の木戸を、必要によって開閉していたようです。寺社が多いためにもともと土塀が〝迷路〟のように連なっていたことでしょうが、この木戸の完成によって、奈良の市中全体が、〝神鹿捕獲装置〟の役割を担うようになりました。その結果、よく知られる家々の「奈良格子」（オスジカの角によるダメージを防ぐために角材を配した窓格子）が発達するなど、オリジナルなコンテンツが蓄積して、観光客も増加していったのでしょう。歴史や地域文化に立脚した観光発展の典型を見る思いがします。

ここで、この奈良町絵図（図2‐5、一七一〇年前後）と、一七九一年に発行された「大和名所図会」（図2‐6）を見比べてみてください。すべての辻に木戸の印（⁚）があることにも驚きますが、その位置が両図で正確に合致しているのです。そして、興福寺（大和名所図会の上方）の境内には、シカたちが群れています。これらの図に示された木戸の痕跡は奈良市中にわずかしか残っていませんが、しかしこのシカたちの分布やくつろいだ姿は、現在とほとんど変わっていません。

「垣」が物語る管理意図

角伐りの発端となった一六七〇年の事例に見るように、ここまでシカが増えてくると、問題が起こるたびに対処していても、角伐りだけをしていても埒があきません。また、町方でそれだけ問題

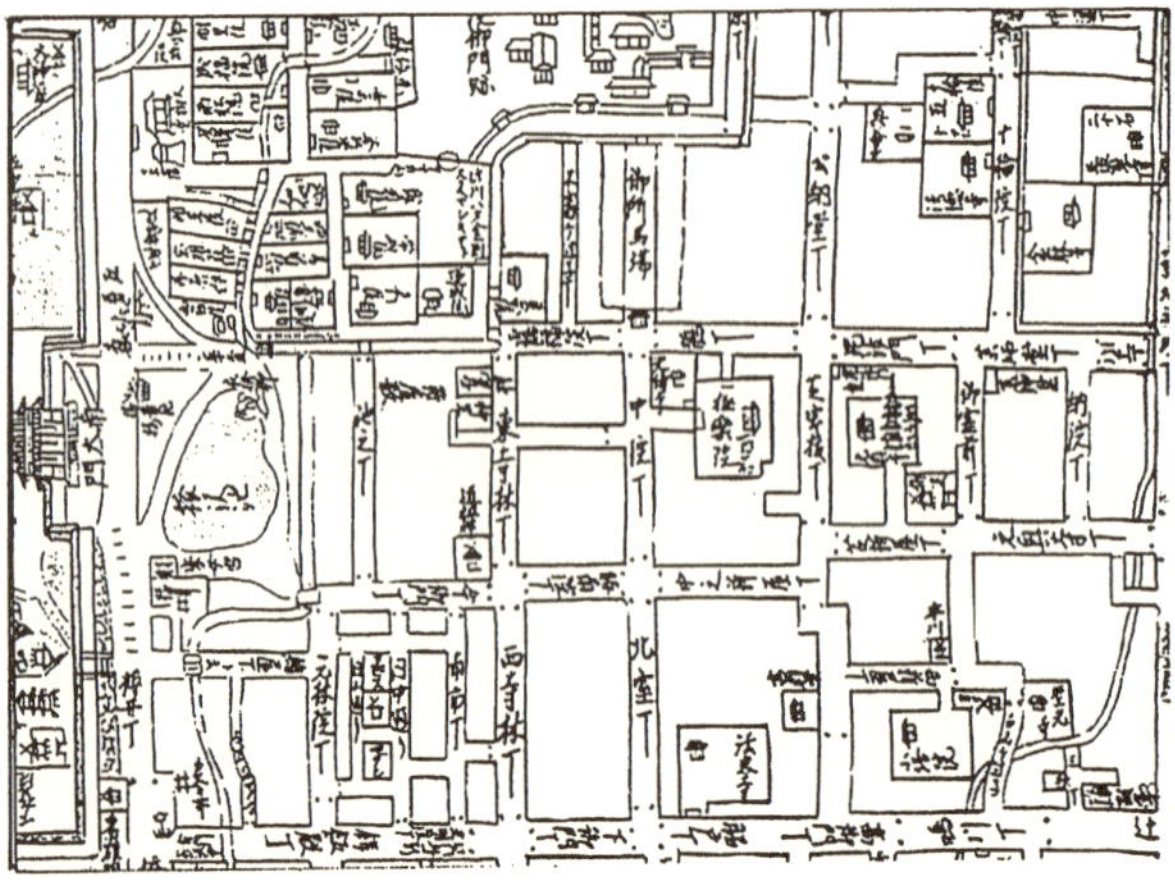

図 2-5　木戸の位置(「：」印)が記された市中絵図

左(北)に興福寺(南大門)と猿沢池，右側が市中。

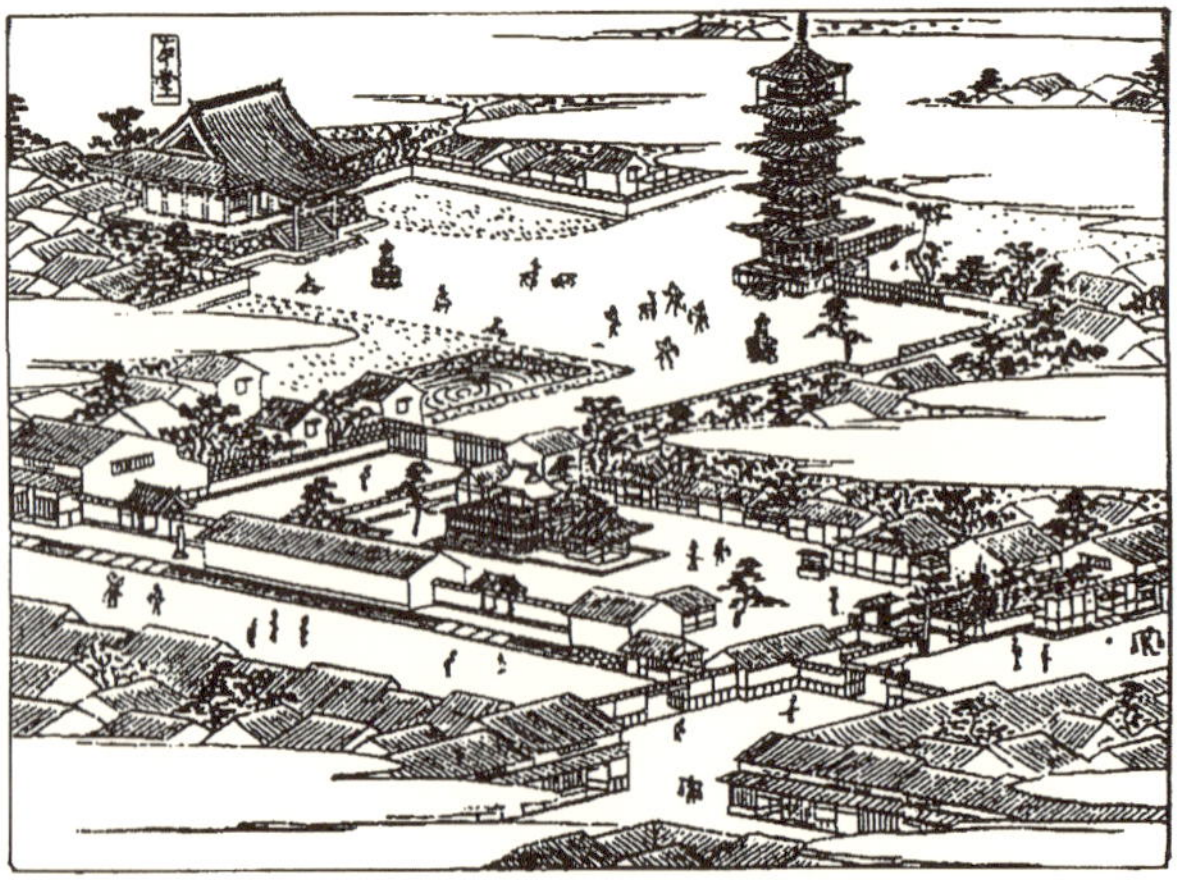

図 2-6　18 世紀末の興福寺鳥瞰図

右手下方に木戸が，その上方，興福寺境内にはシカが描かれている。

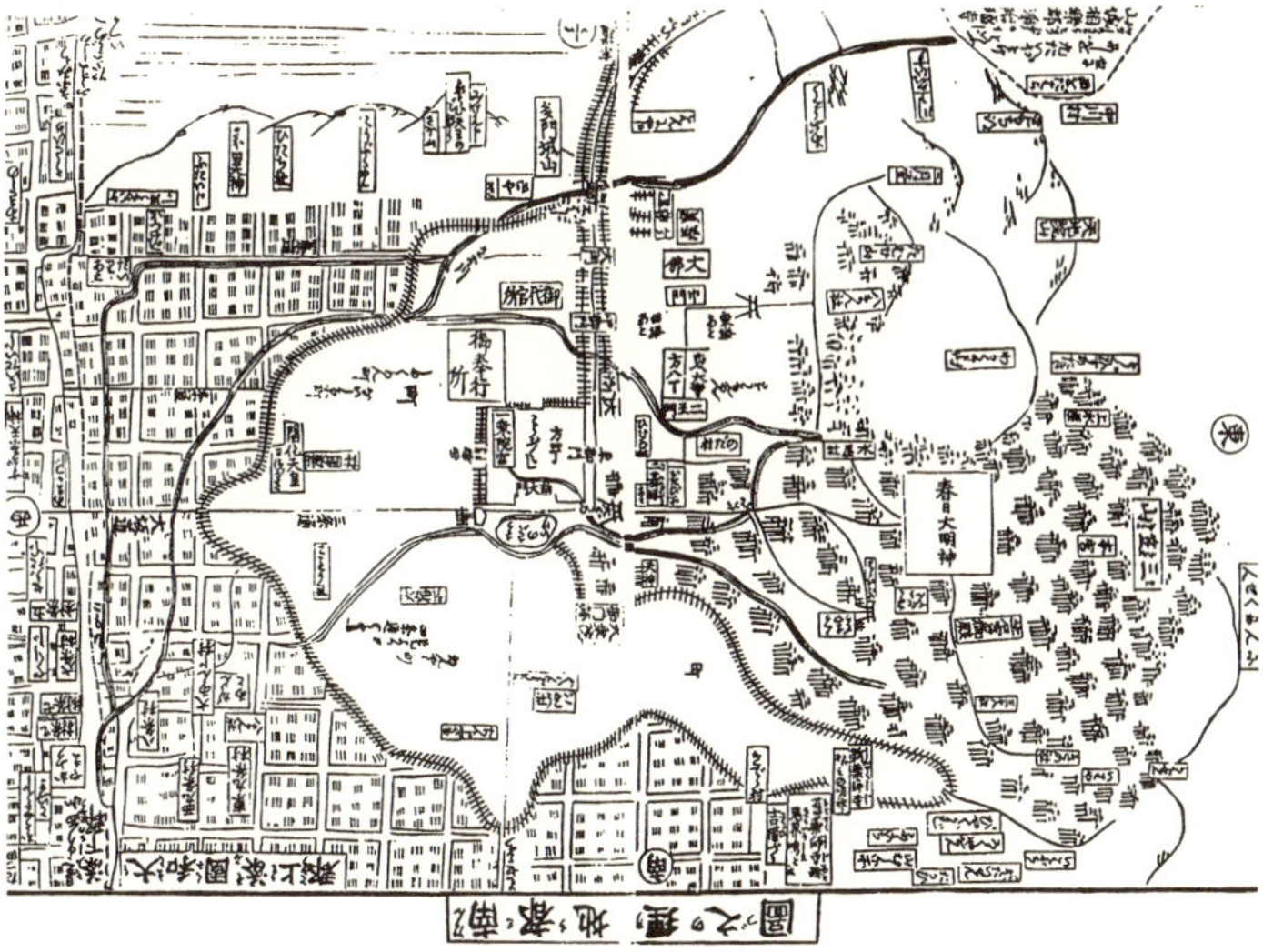

図2-7　鹿垣(シカ柵，卌印)が張り巡らされた奈良市中(上が北)

になっているのであれば、そのすぐそばに広がっていたであろう村方(農村部)こそ、神鹿による農作物被害で困っていたと思われます。何せ、普通ならシカを追ってくれる犬が、犬狩で実質的にいなくなったのですから。

　ここで、制作者に心から感謝したくなるほど、重要な情報が書き込まれた地図を見つけました。「南都地理之図」(図2-7)と呼ばれるこの地図は、「春日大宮若宮御祭礼図」(一七一七年初版)の一部であり、当時の景観が、非常にコンパクトに、わかりやすく描かれています。

　現在の奈良公園全域に視野を広げると、この頃すでに、町方(現在の公園平坦部)と村方が「垣」で隔てられていたことがわかります。ちなみに、この図の左側、つまり西側の村方は、まさしく、かつての平城京（左京）の一部ですが、見事に一面の畑地となっています。

　この垣は、北は奈良阪、南（図の下方）は高畑町（今の奈良教育大学あたり）までが含まれており、総延長は一五キロメートル以上になると推定されます。面白いことに、この垣は、直接農地を囲むのではなく、今の奈良公園域から町方、そしてその西側の村方へのシカの移動を妨げるように、南半分が二重構造になっています。しかも、春日山、春日野、町方の三者は、決して仕切られることはありません。ここには、町方へのシカの出没を完全に避けるのではないという、管理の意図が見えているようです。

　そして、この図で見る限り、春日山から春日社にかけて、周囲の山地と比べて濃い森林が発達しており、このエリア（だけ）がシカを始めとする野生動物にとっての〝聖地〟であったと考えた方が自然でしょう。つまり、殺生や伐採を禁じたコアゾーン（＝春日山）とそこそこの管理をするバッファゾーン（＝町方）というゾーニングができており、垣（防鹿柵）のデザインも、その二重構造（ゾーニング）が意識されたものであったと考えられるのです。

　こうして、江戸時代初期（一七世紀後半）には、「犬狩」「角伐り」「垣」という、いわば神鹿管理の三種の神器ともいうべき体制が相次いで実現し、現在の「奈良のシカ」の基本構造ができあがったと考えられます。ここで「春日神鹿」は、「奈良のシカ」になったといえるのではないでしょうか。

　このように、今に名残を残す奈良の町の風景と神鹿の配置の歴史的経緯を見るとき、「奈良のシカ」は、単に奈良という町に住んでいる人慣れしたシカを指すのではなく、神鹿と奈良の町並み、人とシカの歴史と生態が一体となった有機体の名称だと考えるべきだと思われます。

最後に、「奈良のシカ」が、決して「町方」だけの存在ではなく、春日山までを含めた大きなスケールでデザインされていた可能性を指摘しておきたいと思います。

前項で、町方を二重に、しかも中途半端に囲う垣の存在を見ました、この〝中途半端さ〟は、一つには春日山や春日社を垣で切り分けることができなかったからでしょうが、それは同時に、春日山を行動圏のコアとする野生ジカが、春日野や、そして町方まで〝自然に〟出向けるようにする工夫でもありました。

「動線」の存在

ここで想起すべきは、森林部を休息地として、その近辺の草地を採食地として利用し、両者の間を毎日朝夕移動するという、野生ジカの基本的な生態特性です。これが、奈良のシカにおいては、春日山や春日社周辺と平坦部(春日野や町方)との間の移動であるわけです。そこで改めて「南都地理之図」(図2-7)を見てみると、休息地である春日山(右端、麓に春日社)と、採食地である平坦部(中央部)を結ぶシカの動線が、見事に確保されていることがわかります。これは、要は、春日山から春日台地、そして市街地へと流れ出る御手洗川と吉城川に沿って開けた土地であり、なだらかな起伏をもって山林と広い草地がつながるという、シカが最も好む景観です。

そういう場所を保護してきたわけですから、山と平地を結ぶシカの日周移動があってもおかしくはありませんが、ここで注目したいのは、先に見た「垣」が、この動線を確保しつつ、さらにはシカを興福寺へと誘導するような形状になっていることです。まるで、町全体が大きな捕獲檻のような構造です。そして、この動線に沿ったシカたちの大規模な日周移動のルートは、実は春日山から春日大社参道を通って興福寺界隈（市街地）まで続く参詣ルートと、ほとんど重なります。この参詣ルートには、飛火野など大規模な草地が配置されていたので、参道周辺を好んで利用するシカたちの一部を柵で囲い、それを参拝客に見せていたのかもしれません。もしくは、そもそも地形や植生の関係から野生のシカ集団がもともと利用していたルートを参道として整備し、「春日山から現れる神の使い」を演出したのではないかとさえ思えてきます。

また、この後、廃仏毀釈（一八六八〜）で興福寺が廃れ、主要な僧侶が春日社の神官となるのと相前後して、この参道沿いに鹿苑が設置されます（明治期、図2-8）が、その際にもこの〝動線〟は確保されています。

これらをもって、奈良の町が市街地を闊歩するシカをコントロールするよう設計されていたというといいすぎかもしれませんが、この垣といい、木戸といい、シカ集団を非常に管理しやすいデザインであることは確かです。

「奈良のシカ」は、おそらくはシカという野生動物の習性とそれが展開される春日の地の特性をよく理解し、その動線をうまく取り入れて（もしくは強く意識して）、宗教・政治・観光の舞台装置とした、一大〝テーマパーク〟だったといえるでしょう。〝春日の杜から神託をもって現れるシカた

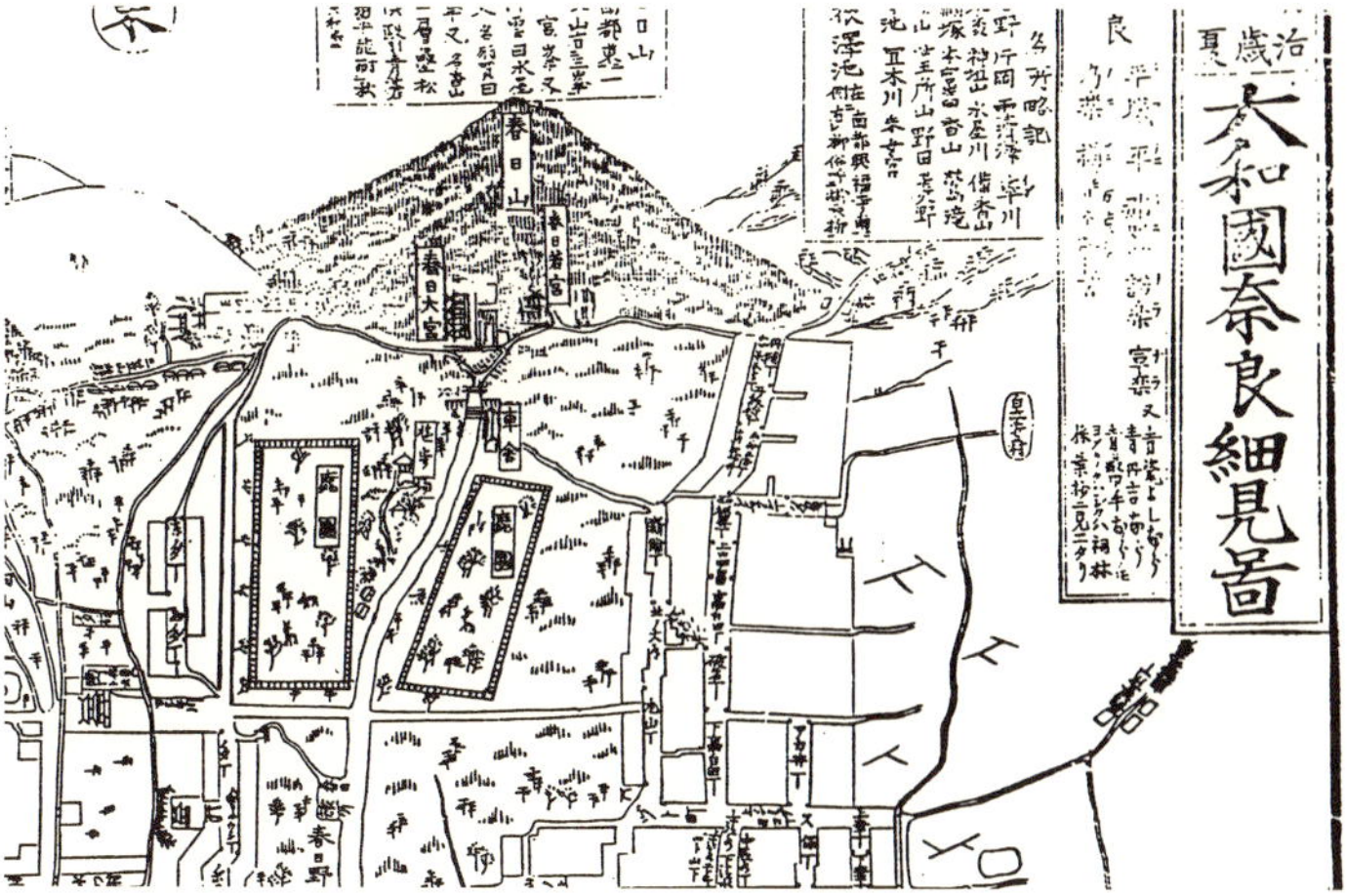

図 2-8　春日山に連なる参道沿いに設置された〝鹿苑〟（左が北）

ち〃は、宗教的必要（春日山から現れるシカ）と観光的需要（闊歩・人慣れするシカ）の両者を満たす、人と動物が織りなしてきた類い希なる装置だったのです。

実は近年、この杜と草地と街とをつなぐ絶妙な舞台装置が、回らなくなってきました。大きなきっかけは、一九八八年に奈良公園を会場に行われた博覧会でした。これを機に公園内の道路や園地が整備され、フェンスなどによってシカたちの移動が大きく制約を受け、また明るく整備されて落葉の絨毯もなくなった林の魅力は半減してしまいました。

一方で、愛護心からかシカに餌付けをする人が増え、その結果、森へ帰らず平坦地周辺に居残る個体が増えて、人への依存度が高まってきました。また、世界文化遺産に指定された春日山の照葉樹林が、シカの採食などによって次世代に姿を消すのではないかという危惧もあります。

一九五七年の天然記念物指定の折、ここで紹介した「奈良のシカ」成立史のどこまでが理解されて、指定に至ったのかは不明です。しかし、頑ななまでにその基本生態を変えていないシカたちと、変転しながらもうまく地域の自然とシカの生態を取り入れつつ時代ごとの需要を満たしてきた地域社会の不可分の関わり(歴史)こそが「奈良のシカ」の本質であり、その意味では「天然記念物」指定はすぐれて先見の明があったと言えます。

これは言い換えれば、馴化(人慣れ)していることそのものが重要なのではなく、独自性の高い文化要素を生み出してきた〝関わりの歴史〟、生きた歴史の結果として馴化したシカが存在するのだということです。単に餌付けや保護をするだけではこれらの本質を維持することにならないのは明らかです。

奈良の町は、一九九八年に世界文化遺産「古都奈良の文化財」登録、二〇一〇年の平城遷都千三百年を経て、世界各地からの観光客で賑わっています。しかし、千年をかけて生み出してきた自然と文化の一体性が、ほんのここ二〇～三〇年の間に、確実に失われつつあることも、厳然たる事実です。「奈良のシカ」の歴史と生態は、観光やまちづくりのあり方、地域社会と自然との付き合い方について、大きな示唆を与えてくれているのではないでしょうか。

〔本稿は、筆者と藤田和の共同研究成果に基づいており、編集中の共著作(立澤編、立澤・藤田著「人と鹿の千年史――「奈良のシカ」の知られざる歴史と生態」、静岡学術出版）をもとにした立澤の講演原稿に加筆したものである。」

〈参考文献〉

秋里舜福（著）・竹原信繁（図）「大和名所図会」（一七九一年）
作者不詳「新版絵入伊勢物語」（吉野屋藤兵衛、一七〇一年）
作者不詳「奈良町絵図」（一七一〇年前後）
桜井満訳注「万葉集（上中下）」（旺文社、一九九五年）
奈良県教育委員会「大和志料（上下）」（奈良県教育委員会、一九一四年）
平井良朋編「日本名所風俗図会9奈良の巻」（角川書店、一九八四年）
藤村惇叙「春日大宮若宮御祭礼図」（一七一七年）
松田半平「大和國奈良細見図」（高橋平三、一八七四年）
山口須美男編「春日鹿曼荼羅」（『月刊京都史跡散策会』Vol.31、二〇〇八年、[http://www.pauch.com/kss/g031.html]）

第三章　生きた唐物

——室町日本に持ち込まれ、朝鮮に再輸出された象と水牛

橋本　雄

枕詞……国境を越える動物たち

近年、そこかしこで「生物多様性」や「持続可能な社会」という言葉を耳にします。歴史学の分野でも、人間と自然との関わりという視点は重視されるようになってきました。具体的には、生態史や環境史、生業史といった分野が活発になりつつあります。歴史学がすぐれて現在的な学問・科学である以上、こうした潮流は当然のことともいえるでしょう。

ところが、人間、誰しも「つねにそこにあるもの」に対しては、あまり注意を払うことがありません。古文書や古記録などの文献史料には、自然物がそれほど描き込まれていない。したがって、文献に主軸を置く歴史学は、動物・鳥類・昆虫・植物などの「生きもの」や、ほとんど動かぬ自然環境を相手にするのがどうしても苦手です。そこで、絵画史料や説話文学など、異分野の資料を用いてアプローチしていくことが必要になってきますが、それもまたやはり難しい。なぜなら、扱う史資料によって、テキスト-クリティークや活用の作法が異なるからです。絵画も文学も、実景を

ありのまま描写するということは当然ありえません。作者・筆者によって選択されたものだけが描かれています。それがなぜ描写対象として選ばれたのか（選ばれなかったのか）、根底的な分析が必要なのですが、素人にとってそれは至難の業、というわけです（私だけが不得手なのかもしれませんが……）。何とも、始めから後ろ向きの話をしてばかりで恐縮ですが、小稿もそうした中で作り上げた試作品にほかならぬことを、あらかじめ告白しておきます。

ただ幸い、私は中世日本の対外関係史を勉強してきましたので、貿易品を記した外交関係史料の中に、ときおり「生きもの」を見かけることがあります。今回の公開講座の全体テーマに引きつければ、「国境を越えた生物（禽獣）」というテーマが浮上してきます。「異なるもの」・「珍しきもの」には自然と興味関心が集まりますから、権力者たちの交易品目に奇獣・珍禽が登場するのも無理はありません。もちろん、こうした史料からは、中世日本列島の生態系や環境そのものに肉薄することなど不可能ですが、外交や貿易というスコープを借りることによって、中世、とりわけ室町・戦国期（一五・一六世紀）の「生きた唐物《からもの》」という、独特な動物・鳥類たちの様相を垣間見ることくらいはできるでしょう。あるいは、彼らに対する意味づけ・眼差し、といった文化的な背景を探ることも可能なのではないでしょうか。

なお、「唐物」とは、中世によく使われた言葉で、中国・朝鮮などから持ち込まれた、主として高級舶来品を意味します。例えば、中国からの生糸や絹織物、陶磁器類、朝鮮からの木綿、琉球・南蛮（東南アジア）からの香料・香辛料などです。その中に、「生きもの」としての唐物があったことになります。中国の王朝が変わっても、あるいは中国以外の地域から来たものでも、変わらず「唐物」と汎称されたことからわかるとおり、唐代中国の文物が理想視されていたことがうかがえます。

　さて、当時の日本や東アジアでは、そもそもどのような種類の動物や鳥類が交易されていたのでしょうか。また、彼ら彼女らはなぜ、複数国間でやりとりされたのでしょうか。あるいはそこには、どちらの国が上位／下位なのかといった、国際関係上の政治的意味も込められていたのではないでしょうか。そして、各国内において、「生きた唐物」が為政者による政治文化的アピールとなりえたことも容易に推察がつきます。昨今の卑近な例でいえば、パンダの贈与・貸借をめぐる日中関係のありようや、展示スペース・レンタル料を誰が提供するかという問題などを想像してもらえればわかりやすいでしょう。

　もう少し高級な、歴史上の事例をここで紹介しておきたいと思います。二〇一二年のNHK大河ドラマで話題となった平清盛が、承安元（一一七一）年七月、羊五頭・麝鹿《じゃこうじか》一頭を、後白河上皇に献上したことがあります。これについて、同ドラマ時代考証担当の髙橋昌明氏は、中国の古典に由来する清盛の政治的メッセージを読み取りました。

　前者の羊五頭は、『史記』秦本紀第五に見える故事――前七世紀、秦の九代目君主穆公《ぼくこう》が、当時、晋の捕虜になっていた名臣百里傒《はくりけい》（五羖大夫《ごこたいふ》）を、晋を滅ぼした虞から羊五頭で購ったという故事――に典拠があり、清盛自身の後白河院への忠誠心をアピールするというものです。後者の鹿については、「中原に鹿を追う」という言葉が、まさしく秦滅亡後の群雄割拠の状態、帝位を争う状況を表すものでした(『史記』巻九二―淮陰侯列伝など。「鹿」に帝位の寓意が込められています)。

　つまり、平清盛は、羊五頭・麛鹿一頭を後白河に献ずることで、後白河院に治天の立場(=鹿)を保障したのは、治天後白河を支える賢臣(=羊五頭)なのだ、と婉曲に提示して見せたのです。中国の古典的常識をそなえていなければ、こうした贈与を理解することはもちろん、企画することすらできなかったでしょう。

　実際、ここまではっきりした事例はなかなか見出せないのですが、「生きた唐物」には、それぞれにある典拠をもつ政治的・文化的含意が込められていた(あるいはその可能性が強い)、ということができそうです。逆にいえば、陶磁器や絹織物といった、いわゆる普通の唐物よりも、「意図的に持ち込まれた外来生物」の方が、かえってそうした表象性を汲み取りやすいように思います。小稿では、右に紹介した髙橋氏の潜みにならって、「生きた唐物」である彼ら彼女らを追うことにより、従来と違った視角から、「生きもの」史、あるいは対外関係史・文化交流史をつづってみたいと思います。

　ただし、もっぱら紙幅の都合から、公開講座で言及した禽類については割愛し、室町期の象と水牛とに題材を絞ることとしました。どちらも、海外から室町期の日本にもたらされ、朝鮮王朝に輸出されたという共通点をもっています。そして、互いに似たような文化的寓意を身にまとう存在でもありました。その点に重点をおきつつ、できるだけ具体的に見ていくこととしましょう。

一　日本に初めてやってきた象

最初に、現在の地上最大の生きもので、間違いなく過去の人々も瞠目したであろう、象(ゾウ)を取り上げます。江戸時代中期、徳川吉宗の時代にベトナムから象がやってきた話は比較的有名だと思いますが、実は室町時代前期にも象は日本にやってきていました。しかも、それが日本史上最初の象の渡来でした。なお、史料上、動物学的な分類はわかりませんが、常識的に、それはいわゆるインド象、つまりアジア象の類であったはずです。

ところで、当時の日本人の象に対するイメージは、そもそもどのようなものだったでしょうか。中世日本における象を描いた絵画作品を探していきますと、まず、仏教絵画(仏画)に行き当たります。

たとえば、普賢菩薩の乗り物としての象です(図3-1。普賢菩薩と対になる文殊菩薩は獅子に乗っています)。つぎに、釈迦の入滅の場面を描いた「涅槃図」の中には、釈迦如来の死を嘆き悲しむ多種多様な生きものが描かれていますが、その中にも、象が登場します(図3-2、左下の白い生きものに注目)。このように、インド(天竺)らしさを醸し出す重要な目印(アイコン)として、白象が選ばれ描かれているわけです。時代を下って、一五世紀段階の作品になりますが、《釈迦誕生図》(福岡・本岳寺蔵)には、お釈迦さま(ガウタマ・シッダールタ)が生まれたカピラヴァストゥ城が想像で描かれ、もちろんその

図 3-1 《普賢菩薩像》
(国宝，平安時代・12 世紀，東京国立博物館蔵)

中に白象も置かれています。
ここで注意したいのが、仏教図像上の象は、あくまでも色が白い、ということです。私たちは象の皮膚が灰褐色であることを知っていますが、当時の日本人・東洋人にはそれは自明のことではなかった。それが天竺＝インドの聖獣だと分かるためのコード(約束事)として、白という色は外せなかったのです。

ところが、実際に日本に初めてやってきた象を見て、日本人は驚きました。なぜって、白くなかったからです。どちらかといえば黒かった……。

図 3-2　《仏涅槃図》
（重要美術品，鎌倉時代・14 世紀，大倉集古館蔵）

応永一五（一四〇八）年六月、若狭国小浜に到着した「南蛮船」（実態は「旧港」＝パレンバンの貿易船）によって象が初来日したときの記録を見てみましょう。

> 同（応永）十五年六月廿二日に南蛮船着岸す。帝王御名は亜烈進《アラジン》卿。蕃使使（衍カ）臣なり。〈問丸は本阿。〉彼の帝より日本の国王への進物等は、生象一匹〈黒〉、山馬一隻、孔雀二対、鸚鵡二対、其外色々あり。彼の船、同十一月十八日、大風に中

湊浜へ打ち上げられて破損の間、同十六年に船新造し、同十月一日出浜ありて渡唐し了《おわ》んぬ。

（「若狭国在所今富名領主代々次第」〈『群書類従』四輯〉）

これまでの研究により、「亜烈進卿」は旧港（パレンバン）の華僑の大頭目であって、「日本の国王」が足利義持であることが指摘されていますが、義満死歿直後のことなので、本当に義持を目当てにしてきたとは思えません。漠然と、日本国の首長に贈り物をもってきたということなのでしょう。

なお、応永一九（一四一二）年六月にも「南蛮船二艘着岸有り」と同じ史料に記されていますので、パレンバン船は若狭小浜でよほどの厚遇を得たか、当時のパレンバンは積極貿易策をとっていたのでしょう。

さて、右の史料に「生象一匹〈黒〉」（〈　〉は割注）とあることに注目してください。この記述は、「生」きていること、「黒」いことが物珍しかったことを示唆します。このときの別の記録にも、

黒鳥（象カ）、唐より引き進《まい》らす。高さ六尺餘り。

（『東寺王代記』応永十五年七月二十二日条〈『続群書類従』二十九輯下〉）

とあり（象の異体字は鳥とよく似ています）、この象が黒かったことが特記されています。なお、この象は明らかにパレンバン経由でインド方面から来たはずなのに、右の記述では「唐」から来たことに

なっています。ことほどさように、舶来の珍品は「唐物」だ、と十把一からげに認識されていたわけです。

ところで、象が黒色の肌をしていたことは、先述の通り、当時の日本人には非常に奇異に映ったようです。これより先、一一世紀後半に中国宋朝へ巡礼におもむいた日本人僧成尋も、彼の地で象を遇目し、「象は毛無し、膚色は日本の黒牛の如し」と書き残しています(『参天台五臺山記』巻三―煕寧五(一〇七二)年十月七日条、於・宋州寧陵県〈現・河南省南陽市〉)。この象は、「広南国」(ベトナム南部)からやってきたとされていますが、もちろんさらに西南方からもたらされたものでしょう。また、これより五〇〇年ほど後の入明使僧策彦周良も、北京の宮殿において象と遭遇し、「灰色にして白色に非ず」と旅日記に書き留めています(『初渡集』下之上―嘉靖十九(一五四〇)年三月七日条)。

二　政治的象徴物としての象

さて、時代が下り、一六世紀後半の織豊政権期になりますと、ホンモノの(?)南蛮船が象を船載して日本にやってきます。船体に黒いタールを塗った「黒船」、つまりポルトガル船の来航です。室町前期の記憶など、とうに絶えていたと思いますので、新たに、比較的冷静に象を描いた絵画作品が作られました。その具体例が、狩野内膳筆の《南蛮屏風》左隻(神戸市立博物館蔵)です(図3-3参照)。ここに描かれた文字通り灰色の象は、慶長二(一五九七)年七月、呂宋《ルソン》(フィリピン)からのスペイ

図 3-3　《南蛮屏風》(部分)
(重要文化財，桃山時代・16～17 世紀，狩野内膳筆，神戸市立博物館蔵)

ン使節が豊臣秀吉に献上した象（その名を「ドン・ペドロ」という）の写生ではないかといわれています。かなりリアルに描けていると評価してさしつかえないでしょう。

この象の来日について、珍しもの好きの秀吉はとても喜びました。秀吉本人から呂宋宛ての礼状には、次のように書かれています（訳文は村上直次郎氏により、読点・送りがな等を読みやすくするため若干改めました）。

①卿《けい》（フィリピン諸島（呂宋）長官）が予（秀吉）に送りたる物は目録に掲げたる通り、悉《ことごと》く受領せり。②特に黒象は予には珍奇なりき。③昨年の末、支那《しな》の大使数人（冊封使楊方亨・沈惟敬ら）、当国（日本）に来《きた》りしが、彼らは白象一頭を予に贈ることを約したり。④然れども、卿が此の象を予に贈りたることを大いに喜びたるは、遠方より来る新奇の品を珍重することは、昔より今に至るまでの習慣なればなり。

（『異国往復書翰集』二六号文書（慶長二〈一五九七〉年付け、原本＝トーレ・ド・トンボ文書館蔵）

呂宋から贈られた物については、リスト通り受け取った①、ことに黒象は珍奇で嬉しかった②と書いてあります。ここまでは彼が黒象の来日を素直に喜んでいるように読み取れます。

しかし、注意すべきはこの続きの部分です。中国明朝からの使い（冊封使の楊方亨一行）は、白象を贈ってくれると約束してくれた③。しかも、あなたがたが贈ってくれた象について喜んでいるというのは、古来、遠方より来た新奇の品々を珍重する習慣ゆえなのだ④、と。普通に考えれば、あまりに失礼な書きぶりだと思いませんか？　あるいは、黒象でなく白象を寄越せ、と婉曲にいっていたのかもしれません。

ともあれ、右の書翰からは、秀吉は本音では黒象の到来を喜んだものの、黒象よりも白象を貴重視・重要視していたことがうかがえます。やはり、理想の象は、「白」くなければならなかったのです。

さて、その後、関ヶ原の合戦を経た一六〇二年にも、象は日本にもたらされています。こちらは、安南（ベトナム）国王から徳川家康に送られたもので、家康からさらに大阪城の豊臣秀頼に贈られました（「関原状」―『大日本史料稿本』十一編九一三冊、慶長七年八月十日条）。豊臣家への家康の「恭順」のポーズを示す道具として、舶来の象が活用されたのに違いありません。象という珍獣の政治的利用の一例と見てよいでしょう。

こうした《象の政治性》は、実は、先の若狭小浜着岸の「黒象」にもあてはまることなのです。室町殿（四代将軍義持）に献上された、あの象はその後どうなったのか、節を改めて追いかけてみることにしましょう。

三　黒象、朝鮮へ贈られる

日本に初めてやってきた、くだんの黒象は、おそらく若狭―洛中の往還に通常用いられた周山街道を通って、嵯峨・嵐山ないし北山・仁和寺方面から京都へ上ったものと考えられます。残念ながら記録は残っていませんが、宗教心旺盛な足利義持も実見し、京童たちも驚いたことでしょう。

その後、この象は、なんと朝鮮へ贈られたのです。おそらく兵庫から瀬戸内海を通り、博多―対馬を経由して運ばれたものと思われます。象が朝鮮にわたってからの様子を、以下、朝鮮側記録により確認していきましょう。

①一四一一年（『朝鮮太宗実録』十一年二月癸丑条）

日本国王源義持、使いを遣わして象を献ず。象、我が国未だ嘗て有らざる也。司僕に命じて之れを養わしむ。日ごと費やす豆は四、五斗なり。

②一四一二年（『朝鮮太宗実録』十二年十二月辛酉条）

前工曹典書《さきのこうそうてんしょ》李瑀《りう》死す。初め日本国王、使いを遣わして馴象《じゅんぞう》を献ず。三軍府に畜《やしな》うを命ず。瑀、奇獣なるを以て往きて之れを見、其の形の醜《しゅう》なるを哂《わら》いて之れに唾《つば》す。象怒りて、踏みて之れを殺す。

③一四一三年〔『朝鮮太宗実録』十三年十一月辛巳条〕

命じて象を全羅道《ぜんらどう》の海島〔順天府獐島《じゅんてんふしょうとう》〔現・全羅南道宝城郡筏橋邑〕〕に置かしむ。兵曹判書《へいそうはんじょ》柳廷顕《りゅうていけん》、進言して曰く、「日本国の献ずる所の馴象、既に上《しょう》〔朝鮮国王太宗〕の玩ずる所に非ず。亦《ま》た国に益無く、触害すること二人。若《も》し法を以て論ぜば、則ち殺人は殺〔斬刑〕に当たる。又《ま》た一年に供する所の芻豆、幾《ほと》んど数百石に至る。請う、〔周王の〕犀・象を駆るの象〔事カ〕に倣いて、全羅の海島に置かんことを」と。上、笑いて之れに従う。

④一四一四年〔『朝鮮太宗実録』十四年五月乙亥条〕

命じて馴象を陸地に出《い》ださしむ。全羅道観察使《かんさつし》〔地方長官〕報ず、「馴象、順天府獐島に放つも、水草を食せず、日ごとに漸く痩瘠、人を見れば則ち涙を墮す」と。上、聞きて之れを憐む。故に命じて陸に出だし、豢養《かんよう》すること初めの如くす。

当時の日本に、南方産の象が複数匹いたはずもないでしょうから、パレンバン船のもたらした黒象一匹が、朝鮮王朝へ贈られたと見て間違いないでしょう。朝鮮王朝にとっても、初めての象の到来でした①。その後、慣れない住環境のせいでストレスを溜めたせいか、象は、興味本位で見にやってきた官僚を殺してしまいます②。この象は、もう一人殺してしまったらしく、国に益《えき》せぬ猛獣のような扱いをされ、全羅道沖の海島に飛ばされたのでした③。

なお、公開講座の当日、「象遣いは付いてきていなかったのか?」という鋭いご質問を受けました。そのときにも若干説明しましたが、史料にもそれらしき存在は登場せず、象遣いの有無存否は不明といわざるをえません。ご承知の通り――例えばムツゴロウさんこと畑正憲さんがスリランカの象遣いに入門した、メチャクチャ面白い体験譚を読めばわかるように――、「馴象」を駆使するには、それ相応の技術や知識が必要です。それを思えば、記録に載っていなかったとしても、象遣いが象と一緒に来ていた、と考えるのが自然でしょう。象遣いがいたとしても、象が暴れてしまうことはありますし、暴れ始めたら取り押さえるのが大変ですから、先のような不幸な死亡事故（「殺人事件」）も起こりえたのではないでしょうか。

さて、右の史料③で参照されている、「犀象を駆る」という故事について、本論の趣旨とも密接に関わるので、ここで説明しておきましょう。典拠は、「周公相武王、誅紂、伐奄三年討其君、驅飛廉於海隅而戮之、滅國者五十、驅虎豹犀象而遠之、天下大悦（周公〔周公旦〕、武王〔旦の兄〕を相《たす》け紂〔殷王〕を誅す。奄〔東方の国、殷王紂の味方〕を伐つこと三年にして其の君を討ず。飛廉〔紂王の寵臣〕を海隅に驅って之れを戮《ころ》す。〔殷の味方の〕国を滅ぼすこと五十、虎・豹・犀・象を驅って之れを遠ざからしむ。天下大いに悦ぶ）」という、『孟子』の一節です（滕文公章句下）。

この故事を引く兵曹（軍部）トップの意見に対して、朝鮮国王は「そんな大げさな」と笑っていますが、結局は臣下の申請通りに、象を南島に追いやってしまいます（前掲史料③末尾参照）。朝鮮王朝が儒教（朱子学）を奉じる国であったから、というのはもちろんですが、とうぜん、彼らの頭には、次に説明する、中国の周の故事――『書経』「周書」の旅獒《りょごう》篇に見える警句――が過《よ》ぎっていたはずです。

その故事に見える警句とは、周王（武王）が全国統一した直後、西方の旅国から奉られた「獒」（大きな犬）に夢中になった王に対して、かの太公望（泰保）が発したものです。「犬馬非其土性不畜、珍禽奇獣不育于国（犬・馬の其の土性に非ずは畜《やしな》わず、珍禽奇獣は国に育まず）」。そのココロは、「不宝遠物、則遠人格（遠物を宝《たっと》ばずんば則ち遠人格《いた》る）」、つまり王が珍奇な物に心を奪われなければ、威徳もそなわり、周囲の蕃夷たちが周王の徳を慕って集まってくる（朝貢してくる）、というものでした（『書経』「周書」旅獒《りょごう》篇）。この逸話は、東アジアの帝王学の書、『貞観政要』論慎終篇――貞観一三（六三九）年の魏徴から唐太宗への上奏文――にも引用されていますから、とうぜん朝鮮朝廷でも周知の事柄であったはずです。

念のため類例を挙げておきましょう。一四八六年、朝鮮国王成宗が中国に「黒麻布六十匹」を送って「橐駝（駱駝）を市《か》」おうとしたところ、司諫院《しかんいん》（諫官）から反対されたことがあります。まさしく「不宝遠物」というフレイズによって、国王が詰問されたのです。もっとも、これに対して成宗は、「中国では軍隊用に使うと聞いたから、試しに購入するのである。単なる玩物とするつもりはない」と釈明し、結局、駱駝の購入を強行したようです（『朝鮮成宗実録』一七年〈一四八六〉十月戊寅条。同年九月辛酉条も参照）。

なお、わが国でも、兼好法師が先の『書経』の一節を引いて、「凡《およ》そ、「珍らしき禽《とり》、あやしき獣、国に育《やしな》はず」とこそ、文《ふみ》（漢籍）にも侍るなれ」（『徒然草』一二一段）と言っていますから、この件は比較的よく知られたことでありました（なお、右の『徒然草』の一節は、鎌倉時代末期の貴顕たちが無駄・無益な「唐物」に狂奔していた様子を揶揄した有名な論説（「唐の物は、薬の外は皆なくとも事欠くまじ、……」、同一二〇段）の次段に位置しています）。

要するに、ここで朝鮮国王太宗が臣下から指摘されたのは、《もっとも警戒すべき「倭」つまり日本（室町幕府）からの贈り物などにかまけていたら、国王の威徳が失われてしまう。朝鮮国王が、他ならぬ日本から送り込まれた象を愛玩するのは、儒教的観点からしても許されないことである》、ということなのでした。

さて、その後、かの象は、順天府獐島から陸地に戻されました④。しかしながら、水も飲めず、草も食べられず、どんどん弱っていきました。その後の消息は伝えられておらず、おそらく、時を経ずして息絶えたものと思われます。

四　象はなぜ贈られたのか

それでは、くだんの象は、なぜ足利義持から朝鮮国王に贈られたのでしょうか。その点については関連史料もなく、推測していく他ありません。

そこで私が第一に想起するのが、象を贈った直前に起こった、ある事件です。一四一〇年から翌年にかけて、朝鮮から故足利義満の弔礼のために回礼使がやってきていました。使者の名は梁霈《りょうじゅ》といい、重要文化財の《芭蕉夜雨図》(東京国立博物館蔵)に著賛していることでも歴史上有名な人物です。実は、この梁霈、京都にやってくる途上で、海賊に遭遇しています。帰朝報告(復命)から、そのあたりの様子をうかがってみましょう(特に傍線部aに注目)。

梁霈、日本より回る。
其の国王(足利義持)が答書に曰く、「日本國源義持、謹啓す。ａ専人(使節のこと)至り、諭を告げ書を辱《かたじけ》のうし、兼ねて物を以て恵《けい》せらるも、昨《さきごろ》、海上に於いて、豪賊の怯奪に遭い、僅かに死地を脱し、赤躬にして至る。已に礼義の厚きを領《う》け、与《とも》に拝貺すること異なる無し。ｂ黠民《かつみん》(こずるい犯人たち)誅を逃れ、絶島に竄伏(にげかくれる)して、屢《しば》しば出でて商船を剽掠すること久し矣。今復た此の曲を致さば、陋邦、豈に討究に意無からん焉耶《や》。既に沿海の吏に勅し、使人を送りて回《かえ》らしむ。不腆《ふてん》(不十分)の贈《おくりもの》、聊か意を表わす耳《のみ》」と。上《しょう》(朝鮮国王太宗)曰く、「霈(梁霈)が奉使、賊の掠する所と為るは、誠に矜《あわれ》むべき也。米二十石・楮貨一百張を賜え」と。

(『朝鮮太宗実録』十一年正月丁亥条)

外国の使節がやってくるというのに、きちんと警固(ガード兼パイロット)すら行わない。《自力救済》(現代風にいえば自己責任)がモットーの中世日本社会では、至極当然のことだったのですが、朝鮮使節がそのことを知る由もありません。この後、応永外寇《おうえいがいこう》(一四一九年)後の講和のために来日した回礼使《かいれいし》宋希璟《そうきけい》は、博多から同行した貿易商人宗金《そうきん》の采配により、海賊におびえつつも無事に兵庫まで到達します。これと比べると、梁需の頃には、宗金のような気の利いた人間がいなかったのでしょうか。この点については、遺憾ながら断案をもちません。

朝鮮使節梁需の帰国時(つまり自分の派遣した遣朝鮮使節)にはさすがに警固をつけたようですが(傍線部bの「沿海の吏」という表現を参照)、海賊を一掃しようなどという動きは見せませんし、そもそも脆弱な室町幕府権力にそうしたことはできなかったと思います。むしろ、警固といえば、海賊を雇って警固衆とするのがふつうのやり方でした(海賊が同船したり、船で伴走したりする)。一般に、そうした慣習の世界に乗っかって、室町幕府は国家運営を行っていたといえます。

いずれにせよ、父義満への弔礼のためにやってきた使節梁需が海賊に襲われてしまったことは、幕府の新首長義持として、いかにも恥ずかしい事件だったでしょう。要するに、海賊事件への陳謝・弥縫の意味合いで、かの黒象は朝鮮王朝に贈られたのではなかったか、というのが私の一つの見立てです。

梁需の帰朝報告(正月丁亥＝二六日)の約一か月後(二月癸丑＝二二日)に、この象はソウルに到着しています。象の足ですから、浦所(入港地、史料上不明だが薺浦である可能性がもっとも高い)からソウルまで、相当に時間がかかったはずです(ちなみに人間の足では約二週間という規定でした)。つまり、ソウル到着の月日こそ違いますが、このパレンバン由来の黒象は、梁需の帰国に合わせて派遣された義持の使節（朝鮮側では「日本国王使」と呼びました）により朝鮮に持ち込まれた、とみて間違いないでしょう。

そして、私の見立て（推測）のもう一つは、南蛮からの貢ぎ物を朝鮮に贈ったことで、室町日本・幕府将軍家の《中華性》――その《中華》は所詮《幻想》《まやかし》に過ぎないわけですが――を内外、ここでは朝鮮王朝にアピールする意図が将軍足利義持にあったのではないか、という読みです。経費のかさむ巨大な象は、その巨大さゆえにこそ、強烈な政治外交的アピールにもなりえます。いうまでもなく、珍獣中の珍獣だからです。

例えば、お隣り中国の近々の歴史をひもとけば、元の時代の上都（現・内蒙古自治区の多倫）に、安南南部にあったとされる「越裳」から朝貢品としてもたらされた象がいたといいます（楊允孚『灤京雑詠』）。また、「呉王」朱元璋が明の太祖として皇帝に即位する際の鹵簿《ろぼ》（行列）では、馴象六頭が遣われていました。そして、それ以後の明朝の元旦朝賀儀や蕃使来朝儀などでも、馴象六頭が引き出される決まりでした（『明史』儀衛志―皇帝儀仗条）。つまり、明代を通じて、中国朝廷では、ほぼ恒常的に象が飼育されていたと考えられます（六月六日（ないし九日）の年中行事「洗象」のことを耳にされたことのある方もおられるでしょう）。言い換えれば、象を宮廷で飼っていることが、《中華性》あるいは《皇帝性》の一つの指標となっていたわけです。

面白いことに、雍熙元（九八四）年に入宋巡礼僧の奝然《ちょうねん》が中国朝廷において筆談で示した日本の風土の中に、「畜に水牛・驢・羊有り、犀・象多し」という一節があります。いずれも明らかに虚言に他なりませんが（水牛については本章後段とも関係します）、その前後に、「交易には銅銭を用う」とか「糸蚕を産し、多く絹を織る」とあることからも、日本がいかに《文明国》であったか、虚勢を張ろうとしたものと読み取れます（『宋史』日本国伝）。その《文明性》、つまりは《中華性》や《皇帝性》の要素の一つに、象（および水牛）があったことは、本論の立場からしても非常に興味深い事実です。

ともあれ、朝鮮や日本、琉球などの朝貢使節が、南京や北京で中国皇帝の象と遭遇する機会はいくらでもありました。実際、この後の時代のことですが、日本の遣明使は北京で象と遭遇しています（『笑雲入明記』享徳元年〈一四五二〉九月二十八日条・『初渡集』下之上―嘉靖十九年〈一五四〇〉三月七日条）。また、画僧雪舟等楊が《国々人物図巻》の中で描いた象は特に有名でしょう（図3-4参照）。なお、雪舟は他にも、駒然が日本でも畜産していると嘯いた、驢馬や羊の姿も描いています（その他には駱駝や猪子なども）。猪子＝豚を描くのは意外かもしれませんが、南蛮屏風にも良く登場するので、中世日本人にとっては変わった生きものだったのでしょう。

もちろん、足利義持が、本場中国に象が飼われていたことをどれほど認識していたか、実際のところは分かりません。しかしながら、その事実を取り巻きの五山僧あたりから聞きかじっていた可能性は高いと思われます。

そして、ここで改めて注意したいことは――やや抽象的な話しになりますが――、前近代の外交《プロトコル》の融通無碍さです。珍獣が遠方から贈られてくることは、当地の君主の徳の高さを証明するものでありましたが、問題は、贈る側と贈られる側と、どちらの徳を示すものであったか、です。それぞれに好都合な解釈が可能だということは、もはやお分かりでしょう。

小浜に上陸した応永年間の黒象は、「南蛮」＝旧港（パレンバン）から「日本国王」室町殿に貢がれたものだとはっきりしていますが、この黒象が朝鮮王朝に贈られたときには、「日本国王」室町殿の徳を示すものであったか、朝鮮国王太宗の徳を称えるものであったかは、まったく自明なことではありません。日朝双方が、それぞれに都合の良い解釈を付すことが可能だったからです。

このように、自分勝手に、自己満足的な解釈を与えられるところに、前近代の外交の妙味があったといえます。さまざまな軋轢を抱えながらも外交関係がさほど深刻化しなかった原因の一つが、おそらくこのあたりにあるのです。

図3-4　《国々人物図巻》（部分）
（戦国時代・1501年，雪舟等楊筆，京都国立博物館蔵）

ただしそれでも、象が「南蛮」から贈られるのと、「東夷」から贈られるのとでは、さすがに異なるニュアンスで受け止められたのではないでしょうか。前者は、誰がどう見ても自分自身が《中華》であり、自身への貢ぎ物となるわけですが、後者は、こちら（朝鮮）とあちら（東夷＝日本）とのどちらが《中華》であるかは曖昧模糊としている。ともすれば、朝鮮側の方が蕃夷扱いされた（ことを受け容れた）ことにもなりかねません。実際、室町時代の日本ではそのような朝鮮蔑視観がかなり色濃く存在しており、朝鮮側もそれをしっかり認識していました。朝鮮王朝側は、この問題にうすうす気づいていたのではないでしょうか。だからこそ、朝鮮王朝では、日本から贈られてきた象を警戒して、国王・朝廷から遠ざけたものと思われます。もっとも、朝鮮からすれば、倭＝東夷から贈られたということは、動かし難い《公式見解》であったはずですが。

五　贈った水牛を取り戻す

これまで見てきたところからうかがえるように、象は仏教的・インド的なニュアンスをかいくぐって、中国を中心に、東アジア世界の《中華性》あるいは《皇帝性》の象徴となっていました。それゆえ、象のやりとりは、どちらが《中華》を体現するものであるかを相手国に示す、すぐれて政治的な外交ツールとなりえたわけです。

さて、象ほどのインパクトはありませんが、次に取り上げる水牛も、幾分かそうした傾向――珍獣の象徴性――を看て取ることができます。やはり、日朝関係のなかでのやりとりのなかで登場してくるのですが、今度は、室町殿ではなく、大内氏の通交が話題の中心です（後で室町幕府にも関係してきますが）。さっそく見ていきましょう。

一四七九年、大内政弘の遣使である僧瑞興が、朝鮮にわたって、次のような要望を朝鮮王朝に口頭および書面で伝えました。――かつて一四六一年、朝鮮側の要請により、大内氏は僧能緜《のうめん》を遣わし、水牛雌雄二匹を献上した。それは遣明船貿易に乗じて中国で獲得してきた都合四頭（雌雄二頭ずつか）のうちの二疋であった（『朝鮮世宗実録』一六年一〇月甲申条・『朝鮮世祖実録』七年一〇月戊辰条）。ところが、朝鮮に二頭も献上してしまったため、大内氏領国には「只だ二首を留むのみにして、孳息敷《はびこ》らず、此れに因り種を絶や」してしまった。だから、水牛を返して欲しい（『朝鮮成宗実録』十年四月丁未条）、――という要求でした。何とも厚かましいというか、恥知らずな要求なので驚かされますが、ひょっとしたら交尾・繁殖のために一時的に水牛の雌雄《つがい》を借りようという魂胆だったのかもしれません。いずれにせよ、大内氏にとって水牛が不可欠なものと考えられていたことがわかります。

図3-5　竹富島の水牛

この水牛は、一四六一年以前に大内氏が遣明船貿易に参加して中国から獲得してきたということです。この言葉を信ずるとすれば、大内氏が中国で水牛を入手したのは、一四五一年に出発し、五三年に帰国した宝徳度の遣明船のときしかありえません。「水牛車」で有名な、竹富島の新田観光のＷｅｂサイト（図3-5）によれば、水牛の寿命は三〇年で、現役で車を引くのは一五～二〇年くらいだといいますから、若い水牛を購入してきたということになりましょうか。仮に、二歳の水牛を中国で購入してきたとして、大内氏が朝鮮王朝に献じた時点で一〇歳、取り返そうと交渉した時点で二八歳ですから、もはや完全に現役引退の年齢です。

さて、この要求が通ったかどうかは、その後の史料的徴証がないため、残念ながらわかりません。朝鮮で寿命を迎えていた、あるいは迎えつつあった可能性もないとはいえないのです。

しかしながら、この瑞興の発言を、そもそも額面通りに受け取ることはできない――という問題が実はあります。というのも、「水牛が死に絶えてしまったから返還して欲しい」という彼の話は、おそらく作り話だったからなのです。実際には、生きた水牛の少なくとも一頭は、当時、京都へ連れて行かれていました。要するに、おそらくは大内氏領国の水牛が払底していただけ、というのが事の真相だったのです。とはいえ、現役引退後、あるいは寿命ぎりぎりの水牛を朝鮮から取り戻したところで、繁殖すら難しかったと思うのですが……。

ちなみに、朝鮮側史料には、もう一件、琉球の使者が水牛をもたらしたという記事があります（『朝鮮世祖実録』八年〈一四六二〉四月戊寅条）。しかしながら、これはおそらく朝鮮王朝側が大内氏進上のそれと混同したものでしょう。第一に、先の大内氏使僧能縣と同時期に琉球国王使がやってきていること、第二に、水牛の頭数も飼育場所も同じであったこと（水牛は二頭、場所は熊川《ゆうせん》〈現・慶尚南道鎮海市〉）が、この推測の根拠として挙げられます。

六　水牛の政治的・文化的寓意

では、大内氏が中国から輸入した水牛が、この時期は京都に連れて行かれていただろう、という点について説明しておきましょう。応仁文明の乱が終結した一四七七年、伝奏〔公家と武家との連絡役〕の広橋兼顕の日記に、大内政弘から足利義政への水牛進献の経緯が述べられています。

> 大内〔政弘〕が水牛、当陣〔東軍陣営〕に入来《じゅらい》す。黄昏に及び、小河《こかわ》殿〔足利義政居所〕に引き進し上る。諸人■動して門前に市を成す者なり。此の間、大内、退散す。仍て敵陣の輩、土岐〔成頼〕・畠山左衛門佐〔能登守護家義統〕以下、悉く没落す。今出河《いまでがわ》殿〔足利義視〕同じく御没落。仍て諸陣或いは自焼《じやき》、或いは放火、悉く以て焼き払い了んぬ。天下太平の基、洛中已に静謐の儀、聖運・武運を致す所なり。尤も悦ぶべし悦ぶべし、珍重珍重。
>
> （『兼顕卿記』文明九年十一月十一日条）

これは、西軍諸氏が西幕府を解散して一斉に下国したときの記事です。西軍主力株の大内氏は、東軍に降参して、東軍の義政から四か国の安堵を貰いました。その御礼として、足利義政に水牛を献じたものと見られます。西軍＝敵軍であった大内氏なりに、終戦＝「無為《ぶい》」を言祝ぐための演出であったわけですが、ただ単に珍しい生きものが義政に献じられただけではなかったと思います。というのも、中国江南の在地社会などに棲息する水牛には、東アジア文化圏における独特な寓意が付着していたと考えられるからです。

第一は、儒教的な含意です。水牛は、儒教的な意味で君主のいましめとなる、《織耕（耕織）図巻》などの「鑑戒図」にしばしば登場します（図3-6）。「鑑戒図」とは、民衆が安心安全に暮らしていける仁政を行うのが君主のつとめだ、という訓戒的な内容の絵画作品です。とうぜん、儒教（ここでは朱子学＝宋学）も中国がふるさとであるので、水牛たちのいる農村風景もそっくりそのまま登場します。

そして、厳密な意味での儒教的精神の表れとはいえませんが、こうした「鑑戒図」の趣旨を引き継いだものとして、例えば《松崎天神縁起絵巻》（防府天満宮蔵）巻六の一場面（図3-7）を挙げることができます。鎌倉末期の牛耕・犂の様子を示すものとして、高校日本史教科書等にもしばしば掲載されているので、御覧になったことのある方もいるでしょう。明らかに、先の《織耕図巻》の水牛（図3-6）とオーヴァーラップしてきます。

《松崎天神絵巻》の問題の場面は、「怨霊」「御霊」となった菅原道真を祀る松崎天神社の鳥居の付近で、つまりは神徳霊験あらたかな地帯である、という大前提があります。またいうまでもありませんが、当時は神仏習合の世界ですから、神威ゆたかな天神様は、人々の極楽往生の願いも叶えてくれました（天神の本地を観音菩薩とする説が当時存在していました）。要するに、ここには、やはり「鑑

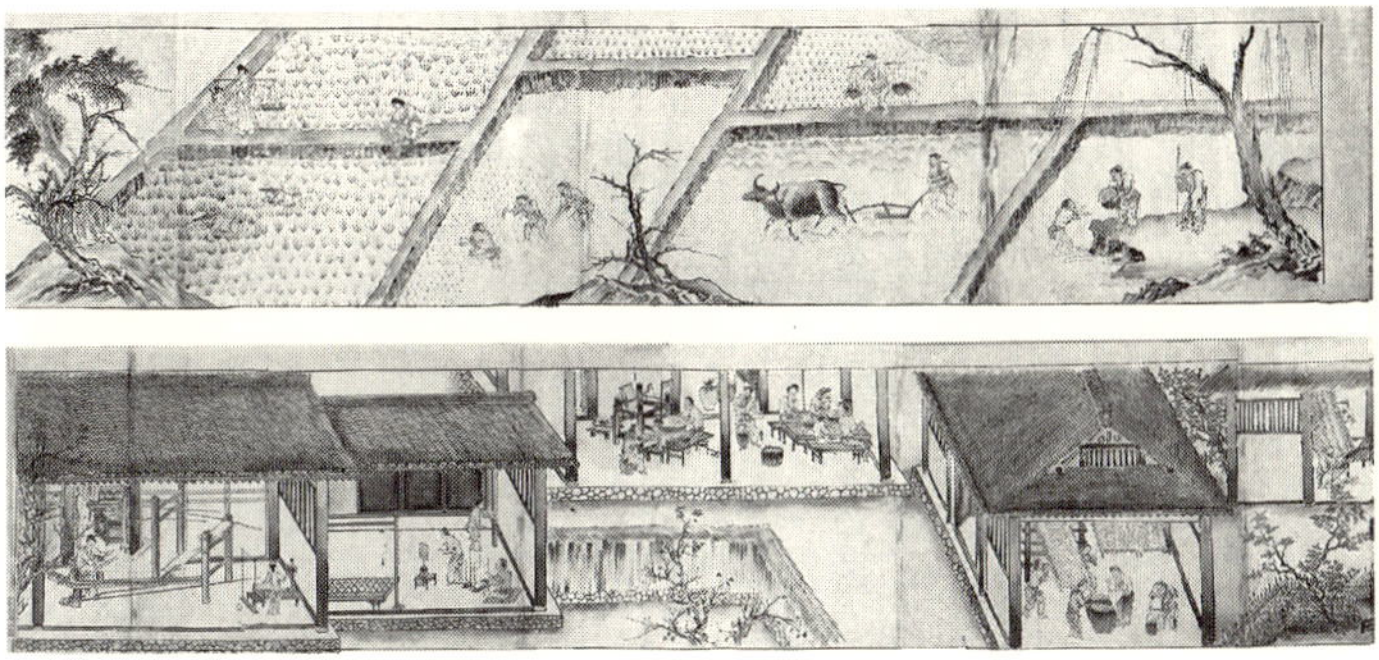

図3-6 《織耕図巻》

（1786年相阿弥筆模本の再模本，原本：伝梁楷筆，東京国立博物館蔵）

図3-7 《松崎天神縁起絵巻》

（重要文化財，鎌倉時代・1311年，山口県防府天満宮蔵）

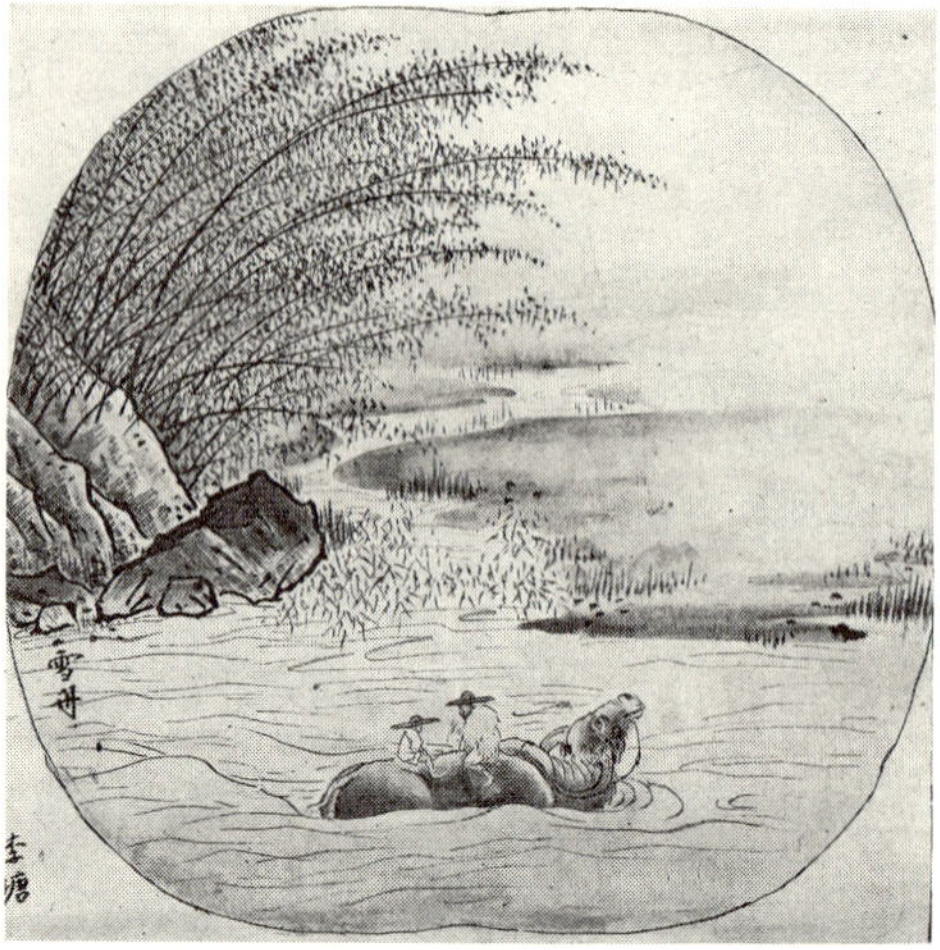

図3-8　《倣李唐牧牛図(渡河)》
(重要文化財，雪舟等楊筆，山口県立美術館蔵)

戒図」――平和な空間の象徴としての水田と水牛と――の伝統が息づいていると見てよいのではないでしょうか。

そして第二は、禅的な象徴性です。水牛は、禅の教えを絵画化した「十牛図」や「牧牛図」(図3-8)などにも頻繁に登場します。逆にいえば、日本の禅宗界のふるさとである江南地域で水牛がそれなりにポピュラーだったからこそ、禅機を説く「十牛図」などの絵画作品に水牛が頻出するのだ、といってもよいでしょう。

ことに、大内氏領国にいたこともある雪舟の描いた水牛は、くだんの水牛たちを実際に目にしつつ描いたものであった可能性を否定できません。さらに推測をたくましくすれば、雪舟筆の《国々人物図巻》に水牛が見えないのも、水牛であれば山口あたりでいつでも実見できたから、かもしれないのです。

当時の足利義政も、歴代室町殿と同様に、禅宗に深く帰依していましたから、禅宗絵画を通じて、江南の水牛たちに慣れ親しんでいたのではないでしょうか。少なくとも、偈頌(禅・仏教の漢詩)等の五山文学に現れる牛を、彼が水牛としてイメージしていた可能性は高いと思われます。

このように、二重三重の意味で、水牛は儒教的・禅的プレミアを有する「生きた唐物」でありました。要するに、くだんの水牛は、単なる《抗争の手打ち》以上の意味合いをもって、大内氏から将軍家への贈品として選ばれたものだったのです。

なお、この水牛は、進献後およそ一週間後の一一月一七日に、後土御門天皇の「御覧」に供せられました。内裏以外の建物は灰燼《かいじん》に帰しているというのに、何とも暢気なことでしょうか。

とはいえ、これはまさしく古代の「唐物御覧」のリヴァイヴァルです。「唐物御覧」とは、平安期に見られたイヴェントで、新着の唐物を天皇が「御覧」ずるものでした。一〇世紀半ば以降、宋商が来日し、交易が許された場合には、官司が先買することになっていましたが、唐物使(蔵人所の出納・小舎人など)や大宰府によって購入されたものは都にもたらされ、天皇の台覧にまず供されました。要するに、朝貢使(実態はただの宋商)が進上する唐物を天皇がまず受け取り、日本の《中華性》を具現化する、という一種の《演劇》だったわけです。

したがって、いま話題としている水牛の進献も、大宰府(を押さえる大内氏)から進上された唐物を天皇に見せるという、古式ゆかしいスタイルをとったことに、意味があったと考えられます。すなわち、朝廷―幕府の《中華》たることの誇示・証明、です。先に紹介した入宋僧奝然の日本紹介記事――実際には古代日本の《文明性》のアピール――にも、日本では水牛が畜産されている、とあったことを思い出して下さい。大内氏が、きわめて復古的な志向の強い大名であったことも付け加えておきましょう。

結詞……珍禽奇獣のゆくえ

以上、国境を越えた動物たちの動きについて、象と水牛とを例に取りつつ、できるだけ丁寧に検討してきました。象・水牛の両方に共通するのは、儒教的・仏教的な独特の意味が付着していたこと、それにより《中華性》を象徴するものとして位置づけられていたこと、したがって外交貿易上の贈品としては、上下関係を生みかねない、非常にセンシティヴなものであったことが判明しました。逆にそれゆえにこそ、外交関係の記録資料に象や水牛が残っていた、といえるのかもしれません。

そして、実物、というよりも、もっぱら図像的なイメージを通して、こうした舶来の珍禽・奇獣たちは中世人の心に根づいていきました。また、それだからこそ、珍禽・奇獣のリアルな図像を求めて、中世日本人は「生きた唐物」たちを渇望していたのではないでしょうか。例えば、おそらく応仁・文明の乱前の細川典厩(持賢)邸において、輸入された錦鶏鳥《きんけいちょう》(実物)と、障壁画上の錦鶏鳥(絵画)とが併せ鑑賞されていた事例を見ると(希世霊彦撰『村庵藁』上―「題画錦鶏」)、そうした思いを強くします。

また、珍禽・奇獣の図像イメージが流布・定着することによって、それらが、さらに未知なものを説明する材料にもなっていきます。

たとえばその一つの代表例が、鳳凰でありましょう。中国の字書『説文解字《せつもんかいじ》』によれば、神鳥である「鳳」は、麐《りん》(雌の麒麟)の前と鹿の後ろ、蛇の頸に魚の尾、龍の文に亀の背、燕の頷に鶏の嘴をもち、体は五色をそなえる、といわれています。麒麟も龍も、実在しない空想上の動物(神獣?)です。すなわち、鳳凰は、さまざまな奇獣・神獣のモザイクであったことになります。

図3-9　《化物図巻》
(江戸時代・1802年，狩野洞琳由信筆，米国ブリガムヤング大学ハロルド・B・リー図書館蔵)

また、ちょっと意表をつくところでは、妖怪(化け物)の「ぬりかべ」も良い例です。私たちは、水木しげる氏の卓抜なキャラクターによって「ぬりかべ」をイメージしがちですが、実は江戸時代にはまったく別の図様の「ぬりかべ」が存在していたことが、近年、明らかになりました。それが、《化物図巻》(図3-9、米国ブリガムヤング大学ハロルド・B・リー図書館蔵)に見える「ぬりかべ」です。この絵巻の奥書には、享和二(一八〇二)年、狩野洞琳由信筆とあるそうで、あるいは原図が室町期に遡る可能性も指摘されています。実はこの化け物は、妖怪学の権威、湯本豪一氏の個人蔵本にも載っているそうですが、そちらには名前が付されていなかった。ところが、ブリガムヤング大学本には「ぬりかべ」と明記されており、まがうかたなき「ぬりかべ」であったことが確定できました。妖怪研究史上、実に画期的な発見です。

それはそれとして、この化け物の姿かたちをよく見てみてください。大きな犬のような恰好をしていますが、耳のたれ方といい、皮膚のよれぐあいといい、いかにも象、という感じがしませんか。

本書ではカラーでお見せできないのが残念ですが、この写真はその手のＷｅｂサイトにもよく転載されていますから、検索してみてください（例、Wikipedia「塗壁」参照）。それを見れば一目瞭然、この「ぬりかべ」の皮膚の色はまっしろなのです。つまり、全体として、あの仏教的な、想像上の白象に取材したものと考えられます。

もちろん、鼻は伸びていないし、目は三つついているし、象であるはずがないのですけれども、「夜路をあるいていると急に行く先が壁になり、どこへも行けぬことがある。それを塗り壁といって怖れられている」（柳田國男「妖怪名彙」。福岡県遠賀郡で取材）という「ぬりかべ」のモデルに、巨大な象はいかにもふさわしい。そしてこの「白」という色に、幻想性があふれている、と私などは思うのです。

〈参考文献〉

家永真幸『パンダ外交』（メディアファクトリー新書、二〇一一年）
大庭　脩『徳川吉宗と康熙帝――鎖国下での日中交流』（あじあブックス、大修館書店、一九九九年）

國原美佐子「十五世紀の日朝間で授受した禽獣」(『史論』五四号、二〇〇二年)
黒嶋　敏「室町幕府と南蛮」(『青山史学』三〇号、二〇一二年)
黒田日出男「黒船のシンボリズム」(同『境界の中世　象徴の中世』東京大学出版会、一九八六年)
桜井英治『室町人の精神』(日本の歴史12)(講談社学術文庫、二〇〇九年)
佐々木馨「『貞観政要』の中世的受容」(同『日本中世思想の基調』吉川弘文館、二〇〇六年)
笑雲瑞訢(著)／村井章介・須田牧子(編)『笑雲入明記――日本僧の見た明代中国』(平凡社東洋文庫、二〇一〇年)
申叔舟(著)／田中健夫(訳注)『海東諸国紀――朝鮮人の見た中世の日本と琉球』(岩波文庫、二〇〇〇年(第三刷))
傅　樂淑『元宮詞百章箋注』(書目文獻出版社(北京)、一九九五年)
髙橋昌明『平清盛　福原の夢』(講談社選書メチエ、二〇〇七年)
藤堂明保・竹田晃・影山輝國『倭国伝――中国正史に描かれた日本』(講談社学術文庫、二〇一〇年)
敦崇(著)／小野勝年(訳)『燕京歳時記――北京年中行事記』(平凡社東洋文庫、一九六七年)
内藤　栄「工芸品に表された鳳凰と獅子」(後掲・サントリー美術館編『不滅のシンボル　鳳凰と獅子』所収)
中島純司「異国の鳥を放つ空間」(上・下)(『國華』九三五・九三六号、一九七一年)
並木誠士『絵画の変――日本美術の絢爛たる開花』(中公新書、二〇〇九年)
成澤勝嗣「王権への追憶」(佐藤康宏編『講座日本美術史３　図像の意味』東京大学出版会、二〇〇五年)
橋本　雄『中世日本の国際関係――東アジア通交圏と偽使問題』(吉川弘文館、二〇〇五年)
――「室町政権と東アジア」(『日本史研究』五三六号、二〇〇七年)
――「『海東諸国紀』に見える「来朝」」(『日本歴史』七〇四号、二〇〇七年)
――『中華幻想――唐物と外交の室町時代史』(勉誠出版、二〇一〇年)
――『偽りの外交使節――室町時代の日朝関係』(歴史文化ライブラリー、吉川弘文館、二〇一二年)

畑　正憲『象使いの弟子』(上・下)(中公文庫、一九八三年)
日原　傳「「洗象」考」(『法政大学人間環境学部紀要　人間環境論集』二巻一号、二〇〇一年)
本郷恵子『中世人の経済感覚――「お買い物」からさぐる』(NHKブックス、二〇〇四年)
牧田諦亮『策彦入明記の研究』(上・下)(法蔵館、一九五五・五九年)
皆川雅樹「孔雀の贈答」(『専修史学』四一号、二〇〇六年)
――「鸚鵡の贈答」(矢野建一・李浩編『長安都市文化と朝鮮・日本』汲古書院、二〇〇七年)
村上直次郎訳注『異国往復書簡集・増訂異国日記抄』(雄松堂書店、改訂復刻版：一九六六年)
柳田國男「妖怪名彙」(同『妖怪談義』講談社学術文庫、一九七七年)
湯本豪一「立ち塞がるヌリカベの謎」(『怪』vol.0033〈カドカワムック392〉、角川書店、二〇一一年)
湯本豪一・加藤修・京極夏彦・多田克己・村上健司「特別座談会：二つの妖怪絵巻からぬりかべの謎を探る」(『怪』vol.0024〈カドカワムック267〉、角川書店、二〇〇八年)
渡辺守雄ほか『動物園というメディア』(青弓社ライブラリー、二〇〇〇年)

九州国立博物館編『じろじろ　ぞろぞろ』(きゅーはくの絵本②南蛮屏風)(フレーベル館、二〇〇五年)
――編『ぞくぞく　ぞぞぞ』(きゅーはくの絵本⑤化物図巻)(フレーベル館、二〇〇七年)
――編『未来への贈りもの――中国泰山石経と浄土教美術』(展覧会図録、二〇〇七年)
――編『国宝　天神さま』(展覧会図録、二〇〇八年)
サントリー美術館編『不滅のシンボル　鳳凰と獅子』(展覧会図録、二〇一一年)
東京国立博物館・京都国立博物館編『雪舟』(展覧会図録、二〇〇二年)
徳川美術館編『室町将軍家の至宝を探る』(展覧会図録、二〇〇八年)
山口県立美術館編『雪舟への旅』(展覧会図録、二〇〇六年)

第四章　ありふれた〈動物〉は、いかにしてただならぬ〈怪物〉になるか

武田雅哉

一　〈ありふれた羊〉は〈ただならぬ植物羊〉となる

スキタイの子羊

北海道大学の構内は、春から夏にかけて、ジンギスカン鍋によるヒツジ肉の匂いで満たされます。世の中にはいろいろなヒツジがいますが、きょうはちょっと変わったヒツジをご紹介しましょう。まずは、ある旅人の、こんな報告をお聞きください。

ほかにも驚くべき話がある。それはわたしが見たのではなく、信ずべき人々から聞いたことである。その話というのは、カデリと呼ばれる大王国でのことで、そこにはカスピ山脈と呼ばれる山があり、その地には非常に巨大なメロンが生ずるといわれている。このメロンが成熟すると割れて、その中に一頭の小羊ほどの大きさの小動物が見られるという。それゆえメロンには

果実と、その中の小さな肉とをもっていることになる。

これは、一四世紀に東洋まで旅をした宣教師オドリコの記録『東洋旅行記』の一節です。同時期の西洋の東洋旅行者の記録には、しばしばこの不思議なヒツジのことが報告されていますが、たいていは「聞いたはなし」と断わっております。同時代のマンデヴィルの旅行記にも同じ報告がありますす。もっともマンデヴィルの本はあまりにおもしろすぎ、実在の人物ではなく、本屋がでっちあげたのであろうとの説もあります。この種のヒツジは、ふつう「スキタイの子羊」などと呼ばれています(図4-1)。

もう少しあとの記録も見てみましょう。これはジークムント・フライヘア・フォン・ヘルベルシュタインの『モスクワ事情』(一五四九)から。

カスピ海の近隣、ヴォルガ河とヤイーク河の間に、かつてはタタールのザヴォルハの王たちが住んでいたが、彼らの国には不思議でほとんど信じがたいような珍奇なものが見られた。……その種子はメロンのものより丸くて長く、土に埋められると、高さ約二フィート半に達する子羊に似た植物が生え、かの国の言葉で〈バロメッツ〉すなわち「小さな子羊」と呼ばれていた。それは生まれたばかりの子羊のように、頭、目、耳、そして体の他のすべての部分を有し、帽子の製造によく使われたきわめて柔らかい羊毛を有していた。……この植物には血もあるが、本当の肉の代わりにカニの肉のような物質を有しており、ひづめも羊毛のそれのように尖ってはおらず、毛がひと塊になって生きた子羊の割れたひづめのようである。……それは腹の中心のヘソの部分で根づき、まわりにある牧草や草をむさぼる。草があるかぎり生きつづけるが、しかし届く範囲にもはや草がなくなると茎はしおれ、子羊は死んでしまう。味はたいへんに美味だったので、狼やそのほかの肉食動物に好まれた。

図4-1　スキタイの子羊。マンデヴィル『東方旅行記』の挿絵より

こんなヒツジがほんとうにいるのかどうか、私はまだ聞いたことがありませんが、たぶん、いないでしょう。西洋人の東洋旅行記というものは、不思議な情報が満載ですが、そこにはおそらく出版元の戦略もあったと思われます。有名なマルコ・ポーロの『東方見聞録』にしても、当時の出版物には、マルコがなにも言及していない、異境の妖怪や怪物の挿し絵がふんだんに盛り込まれていて、そちらのほうがかえって読者の東洋への好奇心を助長したと思われます。

地生羊の場合

ところで、この「植物ヒツジ」ですが、似たようなものを、中国人もまた記録しているという事実は、たいへん重要です。いくつか読んでみましょう。

九世紀末に書かれた、段公路《だんこうろ》の『北戸録《ほくころく》』という本には、次のようにあります。

大秦国《だいしんこく》（東ローマ・漠然と西方）には〈地生羊《ちせいよう》〉がいる。その子羊は、土の中から生まれてくる。その国の人びとは垣根を築いてこれを囲う。臍《へそ》は地と連なっていて、これを切ると死んでしまう。しかし、馬を走らせて、太鼓を打ち鳴らし、びっくりさせてやれば、ショックで声をあげ、臍は切れ、水や草を求めて走っていく。

一四世紀前期、呉莱《ごらい》の『淵潁集《えんえいしゅう》』には次のようにあります。

西域の地では大地から羊が生まれる。脛骨《けいこつ》を土の中に植え、雷鳴を聞くと、羊の子が骨の中から生ずるのである。馬を走らせてびっくりさせてやれば、臍は抜けるのである。その皮は敷物にするのに適している。一説には、漠北の人びとは、羊の角を植えて、羊を生じさせるという。大きさは兎ほどで、肥えて美味である。

植物ヒツジの伝説の由来については、いろいろな詮索がされていますが、「綿《わた》の木」についての不正確な理解によるのだろうといわれています。つまり、綿について詳しいことを知らなかった一部のヨーロッパ人が、綿のことを「羊毛（のようなもの）が成る木」と表現していたのが、伝言ゲームを繰り返していくうちに、「羊が成る木」という、よりキテレツなはなし、言い換えるならば、より「おもしろい」はなしに誤伝され、動物のヒツジそのものが果実として成るような植物をイメージしたのだと思われます。つまり、この怪物を生み出した真犯人は、「ことば」そのものであったというわけです。だとすれば、われわれ「文学部」も、怪物とは因縁浅からぬものがあるといわざるをえないでしょう。

ワクワクと人木

植物と動物の境界線をまたがった怪物は、たくさんいることでしょう。ヒツジどころか人間の場合もあります。アラビア語やペルシア語で書かれた博物誌には、九世紀くらいから、中国のさらに東にあるという、「ワクワク」という島のことが記されています。

一三世紀、カズウィーニーの『世界の奇異物および珍品志』の記述を見てみましょう。

……執政の君主は、もともと一人の女であるという。（中略）女王であるにもかかわらず、彼女は一糸まとわぬ裸で、頭には金の冠を頂いている。周囲には四千人の若い娘たちが仕えているが、彼女たちは完全に全裸である。ある人たちは、この島がその名で呼ばれているのは、島には一本の果樹があり、その果実の中から「ワクワク」という声が聞こえてくるからであると考えている。島の住人は、この奇怪な声の意味を悟り、そこから不祥の兆しを予測するのである。

また、一四世紀のイブン・アル＝ワルディ『奇跡の書』の記述は以下のようです。

この島には奇怪な木が生えている。その果実の外見は、まるで人間のようである。身体、眼、手、足、頭髪、乳房、そして陰部と、すべて人間の女のようである。彼女たちの顔は美しく、髪の毛によって、樹上からぶら下がっている。彼女たちが、大きな皮袋のようなものの中から出てきて、陽光のもとにさらされると、「ワクワク」という声をあげ、それは、だれかが髪の毛を切るまでつづく。髪の毛が切れたら最後、それらは死んでしまう。（図4-2）

これもまた、似たようなことが、中国の本にも書かれているのです。九世紀、中国では唐代ですが、段成式《だんせいしき》の『酉陽雑俎《ゆうようざつそ》』をごらんあれ。

人木。大食国の西南二千里のところに、ある国がある。山谷の間には樹木が生え、その枝には、人の首を生ずる。その花は人語を解さないようである。人がたずねると、笑うだけである。し

きりに笑ってから、落ちてしまう。（前集巻之十）

これ以降、中国のさまざまな世界地誌にも、世界の西の果てには、このような「人のなる木」があるのだと記述されていきました（図４-３）。植物ヒツジの話が、陸上世界の要素を持ち合わせているとすれば、こちらは海上世界の要素をただよわせています。中東に住み、インド洋を中心に東西を行き来した男たちは、長く危険な船旅のあいまに、こんな会話をしたかもしれませんし、しなかったかもしれません。


「たいくつだなあ。いつになったら、国に帰れるんだろうなあ」

「さあな。無事に帰れりゃいいけどな。嵐でどこかに漂流しちまうかもしれないぜ」

「漂流するとしたら、おまえ、どこがいいと思う？」

「やっぱり、おれひとりだけ助かってさ、美女ばっかりの島がいいよなあ」

「しかもみんな、すっぱだかでな！」

「伝説の、女だけの国だね。うしししし！」


ところで「ワクワク」伝説のような国が実際にあったことは証明されてはいませんが、その名前についてはなにか根拠があったのかもしれません。この点についてはいろいろな説があるよう

図4-3　中国人が描いた「人のなる木」。『三才図会』(1607年)より

図4-2　ワクワクの木

ですが、ひとつが「日本」説です。つまり、当時の中国語の「倭国」が、「ワクワク」になったというのです。そう考えてみると、女王のモチーフには、卑弥呼のはなしが関わっているのかもしれません。

しかしながら、われわれ日本人は、自分たちの国が、遠い異国の船乗りたちにとってのパラダイスのような女人国であることなど、まったく存じあげません。植物ヒツジのはなしも、ヨーロッパ人は「東洋にいる」といっているし、中国人は「西洋にいる」といっています。怪物は、自分が住んでいる町内には、絶対に現われないのです。いつだって、遠い遠い、よく知らない土地にしか、現われてくれないものなのです。このあたりから、「怪物は遠きにありて想ふもの」というテーゼが導き出されるのではないでしょうか。

二　〈ありふれたサイ〉は〈ただならぬ一角獣《ユニコーン》〉となる

エンデのサイの謎

さて、お次はサイについて話しましょう。なに？　サイなんて、ありふれた動物じゃあないかって？　そんなことおっしゃるなら、ここで三分間、時間をあげますから、ひとつサイの絵を描いてみてくださいよ。——はい、できましたか？　描けた？　え？　これのどこがサイですか？　これはカバじゃないですか？　なに？　似たようなもんだろう？　そんなことといったら、サイもカバも怒ると思いますよ。ヒトもサルも同じだろうといわれたら、あなただっていやでしょう？　同じ人類でも、あいつとおまえはおんなじだ、といわれたら、やっぱり不愉快になりますよね。

そのように、たかがサイですが、ちゃんとサイっぽく描ける人は、そういないのです。サイらしいものが描けた人は、おそらく角を描き込んでいるのではないでしょうか。サイの大きな特徴のひとつが、角ですね。

さて、ここで一冊の絵本を眺めてみましょう。『はだかのサイ』というタイトルです。これは、『モモ』や『はてしない物語』で知られるミヒャエル・エンデが文を書き、M・シュリューターが

図4-4　ミヒャエル・エンデ『はだかのサイ』

絵を描いたものです（図4-4）。私はドイツ語は読めないので、矢川澄子さんの訳本を使わせていただくことにします。その書き出しは、次のようになっています。


むかし、ノータリン・ノルベルトというサイがいた。

アフリカの大草原のどまんなか、泥沼のほとりにすんでいる。

なにしろ、右がわ左がわ、前、うしろ、上、下、それぞれに、つまり大きなからだぜんたいが、ヨロイでおおわれている。

そのうえ、武器のツノだって、ふつうなら1ぽんのところが、ノルベルトにかぎって、2ほんある。

鼻のうえにでかいのが1ぽんと、もひとつ、えりくびに小さいのが1ぽん、まさかのときのためにそなわっている。どちらもトルコのサーベルみたいに、ぴんと、とぎすましてあってね。

「いつも最悪のばあいをかんがえて、用心するにこしたことはない」というのが、ノルベルトのいいぶんだった。

このノルベルトというサイ、外見はたいへん強そうなのだが、実は……というおはなしの先が気になるかたは、ご自分でお読みください。いま気にしたいのは、まさにこの冒頭の部分です。ノータリン・ノルベルトの特徴は、おおむね次のようにまとめられます。

住んでいるところ……アフリカの大草原
身体の特徴……体が、ヨロイでおおわれている。
角の数……ふつうなら1本。ノルベルトにかぎって2本。
角の位置……鼻のうえに1ぽん。えりくびに小さいのが1ぽん。

ところで、現在地球に生息するサイの分類は以下のようになっております。

アフリカのサイ

クロサイ(black rhinoceros, *Diceros bicornis*)　角は二本(鼻先)
シロサイ(white rhinoceros, *Ceratotherium simum*)　角は二本(鼻先)

アジアのサイ

ジャワサイ(Javan rhinoceros, *Rhinoceros sondaicus*)　角は一本(鼻先)

スマトラサイ(Sumatran rhinoceros, *Dicerorhinus sumatrensis*)　角は二本(鼻先)

インドサイ(Indian rhinoceros, *Rhinoceros unicornis*)　角は一本(鼻先)

ちなみにサイを意味する英語あるいはラテン語の「*rhinoceros*」の「*rhino*」は「鼻」、「*ceros*」は角のことですから、直訳すると「鼻角獣」となりましょうか。

さて、ノルベルトはアフリカに住んでいるそうですが、だとしたら、角は二本が普通のはずですね(図4-5)。エンデが、「ふつうなら一本。ノルベルトにかぎって二本」と書いているのは、いささか解《げ》せません。

それから、ふつうヨロイのような皮膚、つまり重層的な皮膚と形容されるのは、インドサイです(図4-6)。「絵本なんだから、どうだっていいじゃないか」というご意見もありましょうが、それでは世界がつまらなくなります。

また、ノルベルトがアフリカの二角サイだとすると、角の配置は、正しくは鼻先に直列になっているはずです。第二の角が襟首に生えているなどということは、ありえません。まあ、このあたりについては、ノルベルトは、ファンタジーの世界の特別なサイだということでよいとしましょうけれど、その「まさかのときのため」の角の位置は、実は、ある有名なサイを想起させるものなので

図4-5　アフリカのクロサイ

図4-6　インドサイ

す。

ガンダの冒険

一五一五年五月二〇日、リスボンはテージョ河の入り江に、ポルトガル船ノストラ・セニョーラ・ダ・アジェダが到着しました。この船は、一八か月前にリスボンを出航して、インドのゴアに至り、再び帰ってきたものでした。その船底には、さまざまなスパイスとともに、一頭のインドサイがいたのでした。

このサイは、グジャラート王国のスルタン、ムザファール二世が、ポルトガル領インド総督アルブケルケに贈ったもので、総督はさらにこれを、奇抜なものの大好きなポルトガル皇帝ドン・マヌエルに贈ったのでした。サイは、グジャラート語の呼称で「ガンダ」と呼ばれていたそうです。さらに皇帝は、この珍獣をローマ教皇に贈ります。かくして一五一五年の一二月、ガンダくんは、再び船に乗せられて、ローマ教皇に謁見すべく、地中海を東に向けて移動したのでした。

ところが一五一六年の一月下旬、ローマを目前にしたポルトヴェネレの沖合で、激しい嵐に見舞われた船は、ガンダを載せたまま、沈没してしまったのです。「鎖につながれたサイに、脱出はかなわなかったであろう」と当時の記録は語っています。ちなみに、フェデリコ・フェリーニの映画『そして船は行く』(一九八三)を見ると、私はこのガンダくんのことを思い出して、落涙を禁じえないのです。

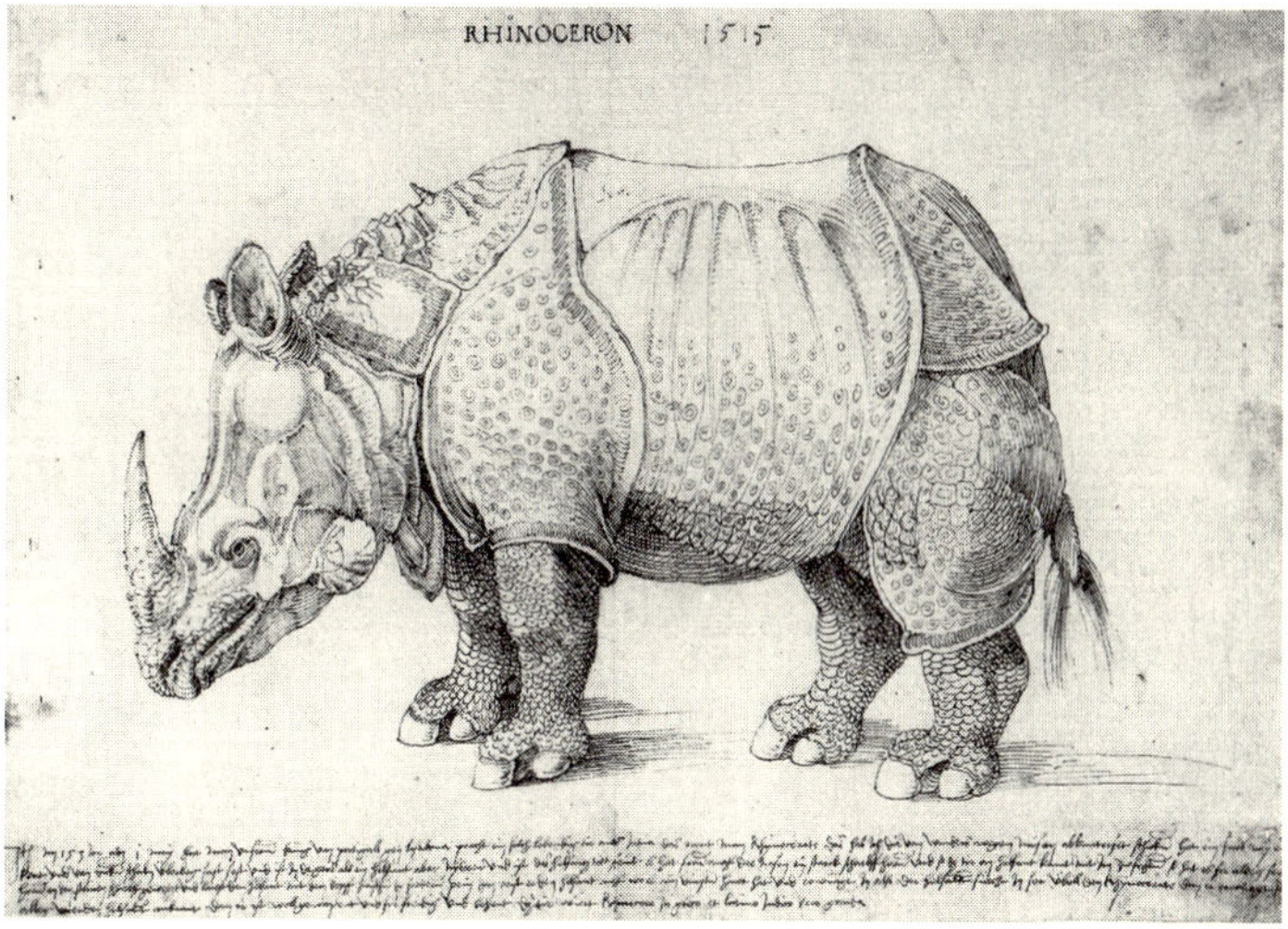

図4-7　デューラーの「サイ」(1515年)

さて、リスボンで評判となったガンダくんは、当然ながら、多くの絵に描かれることにもなります。リスボンの印刷業者ヴァレンティン・フェルナンデスが、そうして描かれたサイのスケッチと手紙を、ニュルンベルクのある人物に送りました。その人こそは、天才的な画家アルブレヒト・デューラーでした。

デューラーはこのスケッチをもとにして、新たにサイの絵を描きました。これがたいへん有名な、タイトルもそのまんま「サイ」(一五一五)です(図4-7)。

ごらんのとおり、なかなかかっこいいサイですが、首の上あたりをよくごらんください。ノルベルトと同じような位置に、小さな突起物が生えているではありませんか。エンデがデューラーの絵にヒントを得たのかどうか、私は知りませんが、デューラーのサイは、そのような生物学的な不正確さにもかかわらず、また、デューラーのほかにも、科学的により正確なサイの図像が描かれていたにもかかわらず、その後、数百年にわたって、ヨーロッパにおけるサイ図像として君臨したのでした。一九三八年まで、正しいサイの図として、これを使用していた教科書もあった由。また、モデルがインドサイであるにもかかわらず、この絵はアフリカの風景を描く際に、好んで描き込まれたものなのでした。これもまた、エンデの説明に見えるサイの形態の混乱と、合致しています。

また、デューラーのサイを使用した絵師たちの作品を見ると、どうもその第二のツノが、だんだん大きく成長させているような気がします。

このことは、なにを私たちに伝えているのでしょう？　ひとことでいえば、人間は、正確なものよりも、カッコいいものを好む、ということでしょうか。

デューラーのサイについては、まだまだ話題にことかかないのですが、このあたりにしておいて、次に中国のサイ図像について見てみましょう。

中国のサイ観念史

古代の中国人は、実にみごとなサイの造形を残しています。戦国時代の青銅の酒器は、実際のサイを見た、天才的な職人がデザインしたと思われます（図4-8）。芸術的なデフォルメや生物学的な不正確さはあっても、とにかくその迫力には圧倒されるばかりです。これは東南アジアの二角サイ

図4-8　中国古代のサイの造形(錯金銀雲紋犀尊)。戦国中晩期

ですが、おそらく中原に貢ぎ物として送られてきたものが、そのモデルでしょうか。
ところがやがて中国人は、サイ本体の図像を忘れてしまいます。ただし、サイの角だけは、薬材やさまざまな造形の材料として、サイの生息地から送られてきました。人びとは、サイの角は見ているが、サイの本体は見ていない、という時代が、長いあいだつづきます。人びとは考えます。――「この角は、いったいどのような胴体にくっついているのだろう？　この角がついているのは、どのような動物なのだろう？」と。

また、百科図説や動物図譜などの編集にあたり、絵師たちは、サイという動物の全体像を描く必要に迫られます。しかしながら、よりどころになるものは、現物の角とわずかばかりの文字情報です。そこで、さまざまな不思議な「サイ」が生まれました。

おなじみの『西遊記』第九一回には、三人の妖怪大王が出現しますが、それぞれ、辟寒大王、辟暑大王、辟塵大王と名乗っています。これらの名前の意味は、それぞれ「寒さを避ける」「暑さを避ける」「塵埃を避ける」というものです。妖怪大王にしては、じつにへんてこな名前ですね。最後に彼らは、悟空たちに退治されますが、三人ともにその正体は、サイなのでした。この不可思議な名前には、わけがあります。中国人は、サイの角に、実に多くの不思議な効能があるということを語ってきました。例えば以下のように――「通天」(毒を中和する)、「駭鶏《がいけい》」(鳥を驚かす)、「辟寒」(寒さを避ける)、「辟暑」(暑さを避ける)、「辟塵」(塵埃を避ける)、「辟水」(水を避ける)、「光明」(光り輝く)、「蠲忿《けんふん》」(怒りを打ち消す)などなど。

なんと素晴らしい機能なのでしょう！　冷暖房にもなりますし、大事なもののそばに置いておくと、ほこりがつきません。サイの角で作った棒を口にくわえて水に潜れば、まるで潜水帽をかぶったときのように、その周囲に空間ができるというのです。妖怪大王の名前は、これらのサイの角の効能からとったものでした。

明代の『西遊記』の挿し絵に描かれた、彼らの姿をみてみましょう。左右に角をはやしたもので、まるで牛のようです(図4-9)。正体を現した絵では、牛とあまり変わらない姿で描かれています(図4-10)。当時の人びとが思い描いたサイとは、このようなものだったのでしょう。

中国の動物図譜などに描かれてきたサイの多くは、「頭の頂点から一本の角をはやした動物」でした(図4-11)。その角の形状はたいへん正確で、それが実際によく観察されていたことを物語っています。ところが、先述のように、ではその角は、いったいどのような本体にくっついているのか？　またどこから生えているのか？　という問題は、謎のままでした。とりあえずの共通見解が、

図4-9　三人の妖怪大王。明『西遊記』挿絵

図4-10　妖怪大王の正体はサイだった。明『西遊記』挿絵

図 4-11　清代『古今図書集成』(1728 年)に描かれた「犀」

そのようなサイ図像を作りあげたわけです。

私が、とあるカルチャーセンターで、六〇歳代くらいの受講生にサイの絵を描いてもらったことがあるのですが、何人かは、サイの角を、頭のてっぺんに配置していました。人はそのように考えたがる性癖があるのでしょうか。

近世以降、西洋で描かれたサイ図像が中国に入ってきて、わりと正確なサイが見られるようになります。その最初期のものは、清代初期、宣教師のフェルディナンド・フェルビーストが中国で制作した『坤輿《こんよ》図説《ずせつ》』(一六八三)ですが、このサイのモデルは、おそらくデューラーのそれでしょう(図4-12)。中国人絵師が、懸命になってこれを写し取ったと思われます。しかしながら、これは、中国人の間では「サイ(犀)」とは見なされていませんでした。これには「鼻角獣」という名がつけられていて、西洋にいる珍獣であると説明されています。「鼻角獣」とは、いうまでもなく、「Rhinoce-

図4-12　中国に来た「鼻角獣(Rhinoceros)」。フェルビースト『坤輿図説』(1983年)より

ros」を直訳したものでしょう。この当時、「犀」という動物は、頭に頂点に角のある、鹿のような一角獣、あるいは『西遊記』に描かれたような、牛のような二角獣だったのでした。

さらに近代になりますと、科学的に正確なサイの図像が伝えられ、現在の私たちの知識とほぼ同レベルの、サイの情報がもたらされます。こうして初めて、「Rhinoceros」＝「犀」とあいなりました。

さて、ここである問題が生じます。『西遊記』のサイの妖怪を、現代人が絵本などに描く場合、どうなるのか？　あるいは、どうすべきなのか？　という問題です。

この『西遊記』の絵本をごらんください。この作者は、子供たちに正しいサイの図像を与えようとしたのでしょう、妖怪の正体として、科学的に正確なサイを描いています(図4-13)。しかしながら、このことで、明代の『西遊記』の作者なり読者なりが思い描いていた、「サイ(犀)」なるものの姿は、却下されることとなります。どちらがよろしいのかとい

図 4-13　現代の『西遊記』絵本に描かれたサイの妖怪

う議論は、永遠に平行線をたどることでしょう。

中国のサイの角と似たような現象は、ヨーロッパにも生じました。それは「一角獣《ユニコーン》」についてです（図 4-14）。あの優雅な馬の体躯に、頭の先から長い角を伸ばした、ファンタジーなどでおなじみの幻獣ですが、一角獣の絵や造形を見ると、ほとんどが、長くねじれた角をつけています。

こちらもまた、角そのものは現物としてもたらされ、薬などにされたわけですから、なにかしらこのようなモノが、存在したわけです。ただその角がどの

図 4-14　西洋の一角獣。アルベルト・マグヌス『動物の書』(1545年)より

図 4-15　イッカク

ような動物に、どのような配置で生えているのかについては、想像の領域であったという点では、中国人のサイと同様でした。

一角獣のねじれた角は、海生哺乳類のイッカク（*Monodon monoceros*）の「角」です。「角」とはいえ、これは一本の歯がどんどん伸びたものです（図4-15）。角そのものはもたらされていたけど、その本体はわからない。角というパーツは、人びとの想像力をよほど刺激するものと見えます。

三　〈ありふれたゾウ〉は〈ただならぬ……〉に

ゾウを想え！

きょうのおはなしの最後に、みなさんには、もう一枚、絵を描いてもらいましょう。こんどはなにかと申しますと、「ゾウさん」、そう、「エレファント」のゾウです。では三分間で描いてみてください。はい、スタート！

――そういえば、社会人相手の公開講座でこれをやると、ひとりかふたり、「死んでも描いてやるものか！」とばかりに、絶対に手を動かそうとしない年配のかたが、かならずいらっしゃいます。「こんなことは幼稚園でやること。どうして大学でやらなければならないのだ！（しかも金まで払ってるのに！）」と、御不審を抱き、もしかしたら怒りに打ち震えておられるのかもしれません。

それはですねえ、私たちは幼稚園でやるような作業を、おそらく死ぬまでのあいだ、人生の折り目節目に、ときどき繰り返してみたほうがいいと思うからです。お絵かきも、お歌も、お遊戯も、実は「卒業」はありえないのだと、私は考えています。そのような基本的な作業には、そのつど、なにかしら、その年齢なりに得るものがあるのではないでしょうかねえ……。なんてつぶやいているうちに、三分がたちましたようで――。

別に回収して、点をつけようなどと考えてはいませんので、ご安心を。まずは隣近所で見せあってください。はい、思わず笑いが起きましたね。お互いに誹謗中傷しあっていただければ幸いです。そして、本物のゾウがこれを見たら、どう思うであろうかと、思いをめぐらせてみましょう。

さて、ゾウを描いていただいたのは、幼稚園で描かせる理由――はて、なんなんだろう？――とは、おそらく違います。

中国の古めかしい本に『韓非子《かんぴし》』というものがあります。紀元前三世紀、戦国時代の韓非が書いた哲学の書ですが、その「解老篇」という章に、次のような一節があります。

> 生きた象を目にする機会は、めったにない。
> そこで、死んだ象の骨を手に入れ、その形を考えて、
> その生きているものを想うのだ。
> だから、心で想いうかべたものを、
> 象（＝像）というのである。

（人希見生象、而得死象之骨、案其図以想其生也。故諸人之所以意想者、皆謂之象也。）

韓非の時代には、人類の繁栄とともに、すでにゾウは珍獣となっていました。しばしば南方から貢ぎ物として運ばれてきたかもしれませんが、そう簡単に目にすることはかなわなかったでしょう。そのような珍獣の、ひときわ大きな骨が見られたりしたら、ひとは頭の中で、その骨に肉付けをして、生きている姿を思い浮かべます。つまり、「想像」するわけです。恐竜の化石から、生きている恐竜の姿を復元する、あの作業と同じです。

『韓非子』のこの一節は、「想像」とは「想象＝ゾウを想うこと」なのだと、伝えているのです。そのもの自体が見られない場合、私たちはそれに関する部分的な情報を寄せ集めて、その全体を、頭の中に再構築します。ゾウという動物は「鼻が長い」らしい。ゾウは「耳が大きい」らしい。「体が大きい」らしい。——そのようなゾウに関わる情報のパーツを寄せ集めて、ゾウとはこんなものであろう、というものを心に描きます。つまり、いまみなさんが「お絵かき」と称してやらされたことは、『韓非子』にいうような想像行為にほかならないわけなんでした。いま描いたゾウの絵は、たとえそれが、死ぬほどヘタクソであっても、たいへん貴重な作業の成果であったということを、お考えください。そして、できたらそのかたわらに、「ゾウを描け！　と武田が言ったから　×月×日は想像記念日」との短歌でも書き添えておくとよろしい。

ところで、みなさんが描いたものは、ほんとうにゾウですか？　さきほどいいましたが、本物のゾウが見たら、「これはなんだ？　おれじゃない！」と首をかしげ、あくまでも「これはゾウですよ！」と主張したら、相当に不機嫌になるようなものができたかもしれません。それは、ゾウそのものではない。ここに百人いらしたら、百種類の「似て非なるゾウ」が生み出されたわけで、これこそが、「怪物」を生み出す原動力にほかならないんであります。つまり、人間は、「怪物を作るゾ！」と力まずとも、きわめて真剣になにかを「想像」しただけで、怪物を一匹ひりだしてしまうわけなんです。

さて、この世界から怪物を駆逐するとしたら、それは「なにも想わないこと、なにも考えないこと」のほかに、方法はありません。それができないのだとしたら、つねに怪物を生みつづけ、これに驚嘆し、笑い、ドキドキしつづけるしか、人類に生きる道はないのです。

〈参考文献〉

オドリコ『東洋旅行記』（家入敏光訳、東洋文庫19、平凡社、一九六四年）
J・マンデヴィル『東方旅行記』（大場政史訳、東洋文庫19、平凡社、一九六四年）
ヘンリー・リー＆ベルトルト・ラウファー『スキタイの子羊』（尾形希和子・武田雅哉訳、博品社、一九九六年）
杉田英明『日本人の中東発見　逆遠近法のなかの比較文化史』（東京大学出版会、一九九五年）
ミヒャエル・エンデ（文）、M・シュリューター（絵）『はだかのサイ』（矢川澄子訳、岩波書店、一九八八年）
ベルトルト・ラウファー『サイと一角獣』（武田雅哉訳、博品社、一九九二年）

T. H. Clarke, *The Rhinoceros, from Dürer to Stubbs: 1515–1799*, (Sothby's Publications, 1986)

第II部　哲学・思想における人と生物

第五章　木は法廷に立てるか
――生物を尊重するとはどういうことか

蔵田伸雄

一　動物の解放

この講座では、生物を尊重するとはどういうことかを主に倫理学の立場から考えたいと思います。私たちはよく「動物の生命を大切にしましょう」などといいます。また、私たちは動物に意味もなく、不必要な苦痛を与えることは悪いことだと考えています。しかし、私たちは動物の肉を食べ、生物の生存環境を破壊し、動物実験を用いて開発された薬を使っています。ここに倫理的な問題はないでしょうか。

私が専門にしている応用倫理学の一分野に、動物に対する倫理を考える「動物倫理学」という分野があります。この分野では、「動物に権利はあるか」といった問題を扱い、動物実験の是非や、肉食の批判といった話題を扱っています。今回はその動物倫理学の一部と、環境倫理学の一部をお話させていただきます。

動物を傷つけてはならない、あるいは動物を不用意に殺してはならないということは基本的な道徳原則の一つだといってよいでしょう。しかしそれなら、動物には「傷つけられない権利」や「不用意に殺されない権利」があるということになるのでしょうか。あるいは人間と動物とで扱いを変えることは差別になるのでしょうか。人種によって人間の扱いを変えるなら、それは人種差別です。例えば「ヨーロッパ系のアメリカ人に暴力をふるうことは犯罪だが、アフリカ系アメリカ人に暴力をふるうことは犯罪にならない」と誰かがいうなら、それは人種差別です。そして、それが差別にあたるのは、「すべての人間は平等だ」と考えられているからです。一方、人間に対して行うことが許されないことを、牛やサルに対して行うことが許される場合があります。人間を殺して食べたり、人間に残酷な実験をすることは道徳的に許されませんが、私たちは牛を殺して食べたり、サルなどに残酷な実験をしたりしています。しかし、人間に対して行うことが許されないことを動物に対して行うことは許されると考えることは、動物に対する「差別」にならないでしょうか。

あるいは以下のような問題を考えてみて下さい。二〇一一年三月一一日の東日本大震災によって生じた福島第一原発事故で住処を追われた人は、損害賠償や慰謝料請求の目的で東京電力を訴えることができます。また、福島第一原発事故によって多くの道路が通行止めになり、牛や豚の餌が来なくなって、多くの畜産動物が死にました。こうして牛を死なせてしまった福島の畜産農家は東電を訴えることができます。しかし、逃げられなかった動物たちは東電を訴えることはできません。また山の中にリゾートホテルが作られるときに、立ち退きを迫られた人はそれを拒むことができます。それでは、その山に住んでいる野鳥や生えている樹には、立ち退きを拒否するための裁判を起こす権利があると考えることはできないでしょうか。動物が訴訟を起こすことができるなんて考えたこともない、という方も多いと思います。しかし、後で見るように、実際に動物が原告になった裁判があるのです。

普通、動物には、人間がもつ、「裁判を起こす権利」などの法的な権利はないと考えられています。動物には所有権も、選挙権も、遺産の相続権も、そして自由権もありません。しかし動物に法的な権利はないとしても、「意味もなく苦痛を与えられない権利」はあると考えてよいのではないでしょうか。倫理学では人間に権利があるのは考えたり、話をしたり、選んだり、コミュニケーションをとったりする知的能力があるからだと考えられています。確かに動物にはそのような知的能力はありません。しかし動物には苦痛を感じる能力があります。私たちが他人に苦痛を与えてはならないのは、その他人が苦痛を感じるからです。そして人間には「苦痛を加えられない権利」があります。また私たちには動物を苦しめてはならないという義務があるといってよいでしょう。それなら動物の側には、「残酷なことをされないという道徳的権利」があると考えることはできないでしょうか。他人に意味もなく苦痛を与えてはならない、ということは基本的な道徳原則の一つです。そして動物も苦痛を感じます。ここで「他の人間に意味もなく苦痛を与えてはならない」ということは、「他の〈苦痛を感じる能力のある者〉に苦痛を与えてはならない」という倫理的な基本原則を前提していると考えてください。このような基本原則を認めるなら、意味もなく動物に苦痛を与えることも避けなければならないことになります。そして実際には、多くの人がこれを自分の基本原則の一つとして認めているでしょう。具体例をあげれば子どもが子猫を棒で叩いたり、野良犬にガソリンをかけて火をつけて、その犬が炎の中でのたうちまわっているのを見て喜んでいるのを見ると、みなさんは「そんな残酷なことはやめなさい！」とその子どもにいうでしょう。あるいは本人の生活がかかっているわけではなく、ただ楽しみのためだけに狩りをすることも倫理的に問題があると考える人は少なくないと思います。また、大した科学的成果が得られるわけでもないのに、動物に著しい苦痛を与えるだけの動物実験を行うことにも倫理的な問題があると考えている人も少なくないと思います。

それでは動物に対して、何をどこまですることが許されるのでしょうか。前に出した例のように、子どもが犬に火をつけて喜んでいるのを見たら、多くの人は「そんな残酷なことは倫理的に許されない」と考えるでしょう。では、小学校の理科の時間に蛙を解剖することも許されないのでしょうか。楽しみのために野生動物の狩りをすることも許されないのでしょうか。また牛や豚や羊の肉を食べるために殺すことも許されないということになるのでしょうか。皮のコートを着ることはどうでしょうか。動物実験をすることもまったく許されないのでしょうか。あるいは、動物園も許されないのでしょうか。人間を檻に閉じ込めて監禁することは罪ですから、動物を動物園の檻に閉じ込めておくことも許されないということになりかねません。このような問題について考えることは、人間と動物との関係を問い直すことにつながるのです。

二　すべての動物は平等なのか

動物倫理の分野で有名な研究者に、ピーター・シンガーという倫理学者がいます。オーストラリアで活躍し、現在(二〇一二年)はアメリカのプリンストン大学に所属しています。シンガーは動物倫理について議論するときに、「種差別主義(speciesism)」という言葉を使っています。例えば人種によって人の扱いを変えるならそれは差別です。アフリカ系の人は奴隷にしてもよいがヨーロッパ系の人は奴隷にしてはならない、と考えるならそれは人種差別です。北海道でもかつてアイヌの人を土人呼ばわりしていたわけですが、これも明らかに差別です。男性に選挙権を認めて、女性に選挙権を認めないなら、これは性差別です。しかし、人間に残酷なことをしてはならないのに、チンパンジーに残酷なことをしてもよい、と考えるとき、多くの人はそれは差別ではないと考えるでしょう。だがシンガーは、これを生物種に基づく差別だと考えます。しかし男性と女性は同じ人間ですし、知的能力に差はありません。一方人間と動物では知的能力に差があります。男性と女性では知能に違いがないので、男性と女性とで扱いを変えることは差別だが、人間と動物では知能に違いがあるので両者の扱いを変えても差別にはならない、と考えるのが普通でしょう。しかし、知的能力の高低によって扱いを変えてもよいなら、以下のようなことも考えられます。生まれたばかりの赤ん坊と成長したチンパンジーを比べると、明らかに成長したチンパンジーの方が知的な能力は

図5-1　ピーター・シンガー

高いといわれています。チンパンジーは声帯がないから声が出せないだけで、文字を書いたカードなどを使えば人間とある程度コミュニケーションをとることができることが確かめられています。しかし、生まれたばかりの赤ん坊を殺すと殺人ですが、成長したチンパンジーに残酷な実験をして殺しても刑法上の罪に問われることはありません。しかしシンガーは動物と人間とで扱いを変えることは差別だと考えます。シンガーの『動物の解放』という本には「すべての動物は平等である」という論文が収められています。これは動物倫理に関するとても有名な論文です。ちょっと難しい論文ですが、ご関心のある方は読んでみてください。シンガーはこの論文で「動物の解放」という概念を提示しています。かつては奴隷解放運動がありましたし、また「女性の解放」が叫ばれたこともありました。畜産動物や実験動物は人間の奴隷のようなものだから、奴隷が解放されたように、動物もまた解放されなければならない。シンガーはそのように考えています。

では本当にシンガーのいうとおり、すべての動物は「平等」なのでしょうか（ただし厳密にいうと、シンガーが主張しているのはすべての動物に「平等に」「配慮」しなければならない、ということであって実際にすべての動物が平等である、とはシンガーはいっていません）。チンパンジーなどの知能の高い動物にはそれなりに道徳的に配慮する必要があるでしょうし、苦痛を感じる動物に苦痛を与えることはできるだけ避けるに越したことはありません。特に知能の高い動物に意味もなく苦痛を与えるべきではないでしょう。しかし、植物の場合はどうでしょうか。植物は痛みを感じません。一般に動物倫理では、苦痛を感じる動物には苦痛を与えてはならない、と考えることが多いのですが、植物は苦痛を感じないので、植物を刈ったりすることに問題はないと考えられています。

しかしそもそもなぜ動物に苦痛を与えることは、悪いことだと考えられているのでしょうか。その動物の飼い主が不愉快に感じるから悪いのでしょうか。それとも、動物に苦痛を与えているうちに残酷な人間になってしまい、人間にも残酷なことをするようになってしまうから悪いのでしょうか。残酷なことをされている動物が、誰かが飼っている犬の場合には、その犬を虐待することはペットの飼い主の気分を害するから悪いのだと考えることもできます。しかし動物に残酷なことをすることは「その動物にとって」悪いことだと考えられています。あるいは、動物に残酷なことばかりしていると、他者が感じる苦痛に対する感覚が麻痺してきて、人間にも残酷なことを平気でする「残酷な人間」になってしまうから、動物に残酷なことをすることは悪いことだと考える人もいます。このように考えた哲学者に、『純粋理性批判』等の著者として知られるドイツの哲学者のカント(一七二四―一八〇四年)がいます。カントは動物に苦痛を与えることが悪いのは、それによって残酷な人間になってしまうから悪いのであって、動物に何らかの道徳的権利があるから悪いと考えたわけではないようです。

さて、ここまで見てきたように、確かに動物や植物には何らかの道徳的な配慮が必要だということができそうです。しかし、動物や植物が何らかの法的権利をもつということは難しいでしょう。例えば動物や植物は裁判を起こすことができるでしょうか。お金持ちの人が、自分の財産を自分のかわいいペットに相続させたいと考えることもあるので、動物の所有権や遺産の相続権を認める方がよいと考える人もいるかもしれません。しかしそれは難しいでしょう。また動物にも生命権はあり、動物をみだりに殺すことは問題だと考えることもできます。動物に法的な権利は認めなくても、「残酷なことをされない」という道徳的な権利はあると考えることもできるでしょう。しかし、動物に権利など認める必要はないと考える人も少なくないと思います。だが動物に「権利」はないとしても、動物も何らかの道徳的な配慮の対象になっているということはできると思います。動物は言葉を使うことはできません。知的な能力もありません。しかし哺乳類や鳥類、魚類は苦痛を感じます。少なくとも人間に苦痛を与えてはならないように、動物に不必要な苦痛を与えるべきではないということはできると思います。

ところで、このように動物や生物の保護について何かを主張する時に、「人間の権利も拡大してきた。同様に人間以外のものにも、権利は拡大されていく」といわれることがあります。例えば、環境歴史学者のロデリク・ナッシュは『自然の権利』(ちくま文庫)という本の中で、人類の歴史の中で倫理的配慮の対象は拡大してきたのだから、同様に人類以外のものに対しても倫理的配慮は拡大されると主張しています。例えば、人間でいえば、かつては権利は貴族の男性にしか認められていなかったのが、奴隷→女性→先住民→労働者→黒人と権利をもつ人が広がってきて、道徳的配慮の対象の範囲も広がってきました。同じように、次は自然も道徳的な配慮の対象となり、植物、生命、岩石、生態系と配慮の対象が広がるとナッシュはいうのです。しかし、その場合の権利とはどのような権利なのでしょうか。

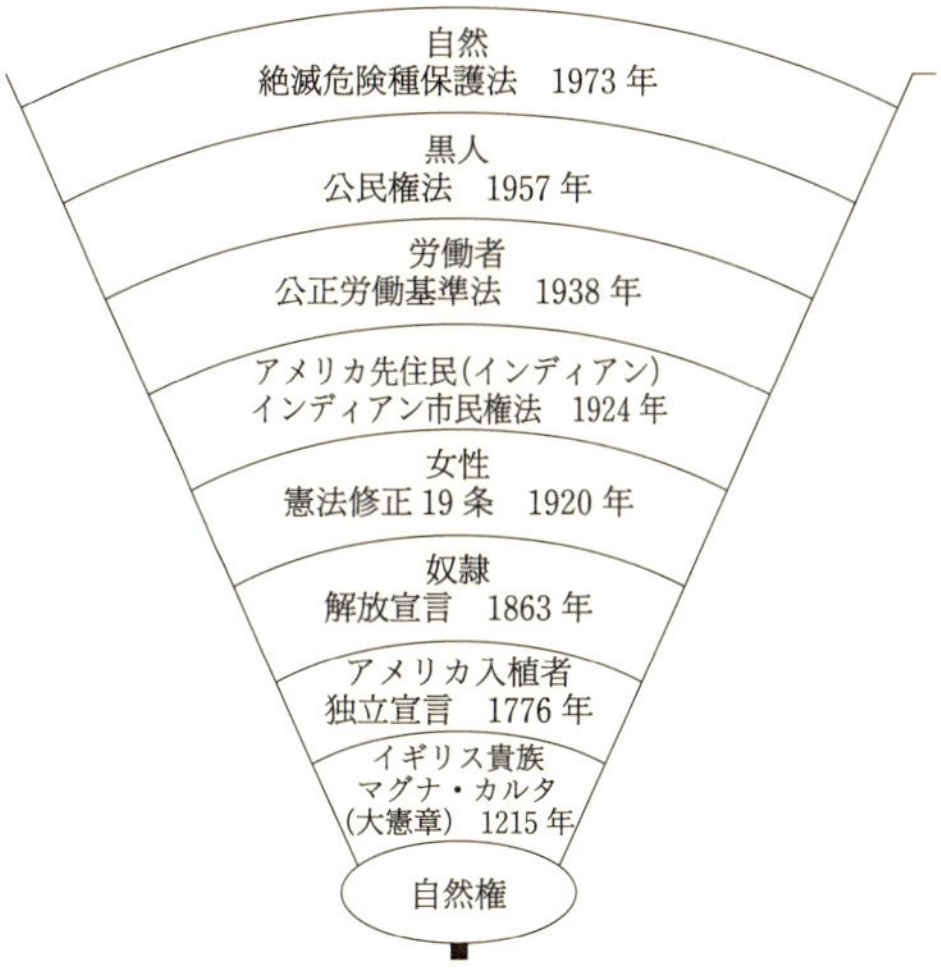

図5-2　権利概念の拡大

三　自然の権利訴訟

動物の権利の意味について考えるために、「自然の権利訴訟」と呼ばれている裁判についてて簡単に紹介しておきたいと思います。「自然の権利訴訟」とは、絶滅に瀕している動物を守ることなどを目的として、動物自身を原告として訴訟を起こすことです。アメリカでは、動物だけではなく峡谷などが裁判の原告になったケースもあります。こういった訴訟の具体的な目的は、裁判を通じて、絶滅に瀕している生物が生息している地域の開発を差し止めることな

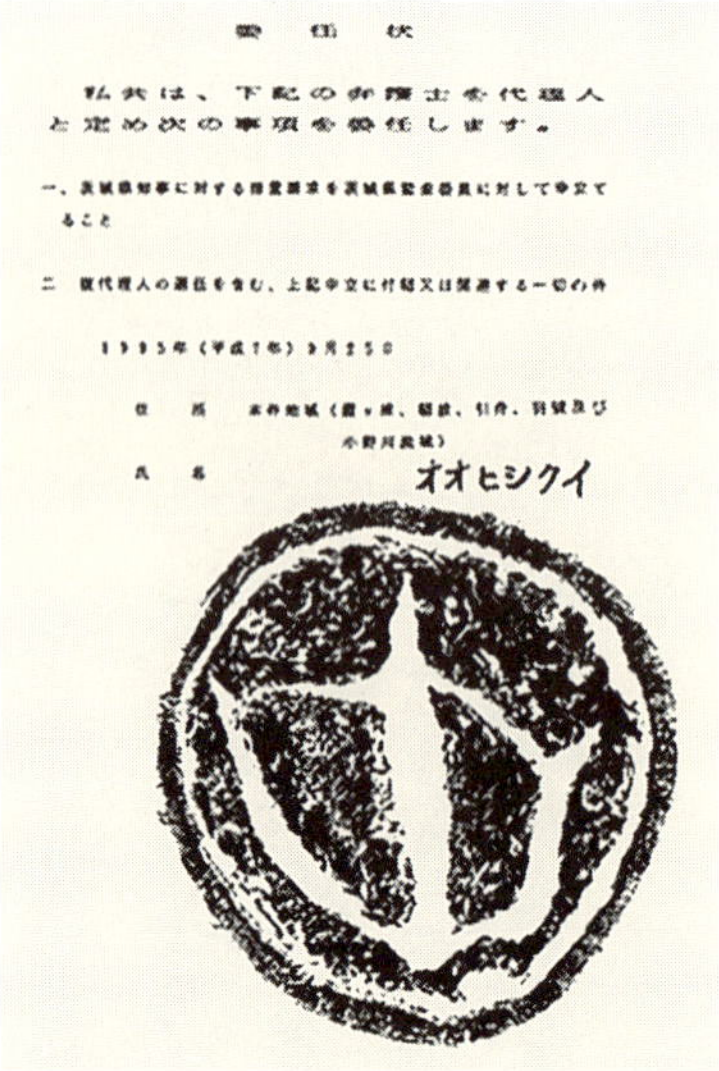

委任状

私共は、下記の弁護士を代理人と定め次の事項を委任します。

氏名　オオヒシクイ

図5-3　オオヒシクイの足形が押印されている委任状

どです。この自然の権利訴訟では、絶滅に瀕している動物そのものが原告になっているので、一見動物の権利を認めているようにも見えます。しかし、この「自然の権利訴訟」では、訴訟を起こす人々はほんとうに自然物や動物に権利を認めているというよりも、自然物や動物の権利を裁判闘争のためのある種の道具だと考えているという印象を私はもっています。

具体的に見てみましょう。日本で動物が原告になった裁判には、一九九五年の「オオヒシクイ訴訟」、一九九五―二〇〇一年の、「アマミノクロウサギ訴訟」、一九九六―二〇〇五年の「ムツゴロウ訴訟」、二〇〇一年の「沖縄ジュゴン訴訟」などがあります。茨城県で起こされた「オオヒシクイ訴訟」では、原告は人間と、オオヒシクイという鳥で、被告は茨城県知事でした。この訴訟では図5-3のようなオオヒシクイの足形が押印された委任状が提出されています。この訴訟は却下されています。また「アマミノクロウサギ訴訟」とは、奄美大島でのゴルフ場建設許可取り消しを求めた行政訴訟で、原告の中に「アマミノクロウサギ」他四種の野生動物がいました。「ムツゴロウ訴訟」は、諫早湾にいるムツゴロウと地域住民による、諫早湾干拓造成工事の中止を求める訴訟でしたが、原告の訴えは棄却されました。

一九九五年に起こされた「アマミノクロウサギ訴訟」は、奄美大島のゴルフ場建設予定地にいるアマミノクロウサギ等を原告としたものでした。このケースでは、アマミノクロウサギ自身を原告とした「自然の権利訴訟」以外に、地域の人々がゴルフ場の予定地に入る権利があるかどうかを争点とした「入会地訴訟」も起こされていました。この二つの訴訟の原告団は異なる人々でしたが、両者はある種の共闘関係にあったようです。この訴訟については、一九九八年にゴルフ場計画そのものが中止になり、その段階で裁判闘争は原告側の勝利に終わりました（このケースについての詳しい内容は鬼頭 一九九九を参考にして下さい）。なお、アメリカで起こされた自然物が原告となる訴訟では、「環境保護団体」と「稀少動物」とが共同で裁判の原告となることが多いようです。

さて、表5-1を見てください。表5-1にあるように、アメリカでは一九七〇年代から九〇年代にかけて、動物が原告になっている訴訟が増えています。一九七八年のパリーラ鳥訴訟では「絶滅危惧種」として、パリーラ鳥の当事者適格が認められています。

しかし、確かにこれらの裁判では原告に動物の名前が入っていますが、本当に動物が原告になっているのか、という疑問が生じます。そもそも動物や自然物自身が裁判を起こすことができるわけはありません。したがって上記の訴訟で本当に当事者適格があるのは環境保護団体だけで、自然物には当事者適格はないのではないか、と考えられることになります。

さて、このように自然環境や絶滅に瀕した動物を守るために、動物を原告にするという裁判闘争の源流となったのは、クリストファー・ストーンという人が書いた、「樹木は当事者適格を持つか」（"Should Trees Have Standing?"）という論文だといわれています。この論文が書かれたのは一九七二年ですが、この論文の日本語訳は『現代思想』という雑誌の一九九〇年一一月号に「樹木の当事者適格」という題で掲載されています。当事者適格（英語ではstanding）とは、「訴訟を起こすことができること」という意味です。

ストーンがこの論文を書いたきっかけとなったのは、一九七一年にアメリカで起こされた「シェラ・クラブ対モートン」の裁判です（アメリカの民事裁判の事例は、原告対被告という形で、「A対B」という形で書きます。モートンというのは、当時のアメリカの内務長官の名前です）。この裁判は、シェラ・ネバダ山中の国有林にあるミネラル・キング渓谷でウォルト・ディズニー社によるリゾート開発計画が進められたときに、環境保護団体シェラ・クラブがその開発の差し止めを求めた訴訟です。この裁判では、原告である環境保護団体シェラ・クラブが当事者適格をもつかどうかが問題にされました。この裁判の判事の一人は、この峡谷そのものが訴訟の当事者で、シェラ・クラブはその代弁者だと判断できるという意見を出しました。この判事はストーンの先の論文を読んだ上で、このような意見を出したといわれています。

この論文は個々の動物の権利というよりも、「環境の権利」について扱っていて、人がある地域の環境を守るために、渓谷などを原告として訴訟を起こすことの効果を論じたものです。この論文は環境保護について扱ったもので、「動物の権利」について扱ったものではないのですが、動物の権利について考える上で、重要な示唆を与えてくれると私は考えています。

それでは、ストーンの「樹木は当事者適格を持つか」という論文のポイントを簡単に紹介しておきましょう。ストーンは、自然が「法的権利の所有者」となるときには、以下の三つの条件が必要だと言っています（ストーン 一九九〇、六一—六二頁）。まず第一に、「訴訟が自然自身の要請によって」開始されること。第二に、「裁判所が〈自然そのものに対する侵害〉を考慮せざるをえないこと」、そして第三に、「その救済は自然そのもののためになされねばならない」ことです。これを私なりに言い換えるとこうなります。第一の条件は、ある地域の自然が、裁判によって破壊から守られなければならない状態にある（開発の計画がある）ということであり、第二の条件は、自然に対する侵害を裁判所が考慮しなければならないほどのダメージを自然が受けているということです。第一と第二の条件をまとめると、自然は誰かが訴訟（行政訴訟、民事訴訟）を起こさなければならないような状態にある（例えばある動物が絶滅に瀕している）ということです。そして第三の条件は、自然の救済措置は（特定の人の経済的な利益のためではなく）「自然のために」なされるということです。

この論文でストーンが主張したのは、本来「権利」を認めなくてよいものに権利があると考えることによって、立法、裁判などがやりやすくなる場合があるということです。「権利」とは本来個人にあてはまる概念ですが、企業などの「法人格」にも権利が認められています。企業が法人格をもつということは、誰かが法的に企業の代理になることができるということです。また日本の民法の第八八六条第1項では、胎児に相続権が認められています。これは誰かが法的に胎児の代理人になることができることを意味しています。あるいは、原告が子どもだったり、精神障害があったりする場合には、本人に訴訟を起こす能力がなくても家族や弁護士が代理人になって訴訟を起こせる場合があります。それと同じように樹木や河川のような自然物も誰かが代理人となって訴訟を起こせるのではないか、というのがストーンの主張です。

このストーンの論文の発表後、アメリカでは一九七三年に「絶滅の危機に瀕する種の保存法」(Endangered Species Act of 1973)が制定されました。これによって、何らかの種が絶滅することによって自分に直接悪影響が及ぶことがない人(あるいは環境保護団体)でも、絶滅が危惧される動物種を保護するための訴訟を起こせるようになりました。

しかしこのようなストーンの主張には、かなり無理があります。みなさんはこのストーンの意見や、「自然の権利訴訟」についてどのようにお考えでしょうか。この話題を私の環境倫理学の講義で紹介すると、学生たちの反応は賛否がはっきり分かれます。授業終了後に学生に書かせている意見や宿題のレポートを見ても、自然物の当事者適格や自然の権利訴訟に好意的な意見を書く学生もいれば、それを強く批判する学生もいます。学生たちの意見をいくつか紹介してみましょう。まず「自然物の当事者適格はあって当然」「人間の手で破壊したものは、人間の手で修復するのが当然だ。人間が自然の代弁者となり訴訟を起こすことは可能だと思う。」一方、自然物の当事者適格を批判する意見には二種類あります。この概念では弱すぎる、要するに「本当に動物の権利を認めているわけではない」という意見と、結局これは「ただの詭弁ではないか」、という意見です。これらの意見を紹介してみましょう。「動物の当事者適格という概念は結局人間のためのもの」「「自然の権利」というわりに人間のエゴ?」「自分のために動物をだしに使っているだけ。純粋に動物の権利を守ろうとするのではない。人間主体である。」「詭弁ですよ!」「ばからしい。偽善的」というものです。

さて、このようにストーンの意見には賛否両論があるわけですが、この論文は大きな反響を巻き起こしました。先に述べたように、アメリカでは「シェラ・クラブ対モートン裁判」の判決に影響を与えましたし、アメリカのみならず、日本でも多くの人(弁護士や「地域住民」、自然保護活動家)がストーンの主張を聞いてこのような戦略があるのかと驚いたようです。この概念は、自然保護訴訟を行う際の「武器」と「きっかけ」を与えたのです。この裁判を起こした人々は、「自然」に本当に権利を認めていなくても、裁判の「戦略」として、「自然の権利訴訟」を起こしたのではないかと私は思います。自然の権利訴訟を起こせば、マスコミの注目を集めることができます。こういったことを通じて、自然のみならず地域の文化を守るための訴訟も有利に進めることができます。

このストーンの論文では、動物のみならず樹木や河川の権利まで問題にされていて、ストーンは個々の動植物の権利を考えたわけではありません。しかしストーンの議論は、動物に対する配慮を考える上で、とても参考になると私は思います。ストーンは動物や自然物が、実際に人間と同じ権利をもつと考えているわけではありません。しかしストーンは、裁判官は「自然の権利」という概念を用いることによって、環境の視点から法を緩やかに解釈するようになるといいます（ストーン一九九〇、八〇頁）。少し引用してみましょう。「環境が「権利を持つ」ことについて語れるようなシステムでは、裁判官は（中略）法準則を、環境の視点に立ってより緩やかに解釈する傾向になるだろう」「このようなやり方で、「環境の法的権利」について平然と言及できる裁判官ならば、活力のある法体系を（中略）発展させることができる。その上、裁判所がこのような語り方をすれば、それが人々の考え方に貢献することにもなるし、そして、「環境の法的権利」を語る社会なら、正式な制定法を通じて、環境をより保護する法準則を立法化する傾向が現れてくることになる」。このようにストーンは「自然の権利」という概念を用いることによって、環境保護をより容易にする法体系を作ることができると考えています。同じように「動物の権利」という概念を用いることによって、動物の保護をより容易にする法体系が生まれるかもしれません。

さて、そもそもストーンが問題にしたのは、河川などの自然環境であり、個々の動物ではありませんでした。次にいよいよ個々の動物に対する配慮という問題を考えたいと思います。

四　動物解放論

先に紹介したように、動物に「権利」があるという主張にはあまり説得力がありません。私の見るところ、「動物に権利は認めないとしても、苦痛はできるだけ与えないようにする」という立場が、動物倫理の主流の考え方です。そのため、最近では「動物権利論」ではなく「動物解放論」と呼ぶことが多いようです。「動物解放論」という言い方をするのは、それが女性の解放や、奴隷の解放と同じように、動物も苦痛や拘束から解放されるべきだという考え方だからです。「動物解放論」の代表的な論者として、先に挙げたピーター・シンガーがいます。なお、シンガーもそうですが、動物解放論は多くの場合、「功利主義」的な観点から主張されています。「功利主義」とは、「最大多数の最大幸福」、つまり苦痛を減らし、幸福・快楽を増やすことが道徳的に正しいと考える倫理学理論です（日本語の「功利」という語には「ずるい」、とか「利己的」だ、という意味があるので、「功利主義」とは利己主義のことだと誤解されることが多いのですが、そうではありません。倫理学理論としての「功利主義」は社会全体の幸福・快楽・利益の最大化と苦痛・不幸の最小化をめざす立場です）。この立場では、道徳的判断の基準として快楽と苦痛を基本に考えます。そして動物、特に高等な哺乳類の苦痛も人間の苦痛も苦痛として質は同じだと考えるなら、人間の苦痛だけでなく、動物の苦痛も減らすべきだということになります。

この「動物解放論」の主要な主張には、残酷な動物実験を減らす（または無くす）ことと、肉食をやめることなどがあります。

まず動物実験について見てみましょう。そもそも動物実験はどの程度必要なのでしょうか。確かに医学や薬学がここまで進歩したのは、動物実験によってデータを積み重ねてきたからです。今までも薬の安全性や毒性を調べる目的で、開発中の薬を動物に与える実験は行われてきましたし、今後も続けられるでしょう。しかしそのような動物実験は本当はどの程度必要なものだったのでしょうか。確かに動物実験は薬の効果や安全性を確認するためにある程度は必要なものです。しかし過去には不必要で残酷な動物実験も少なくありませんでした。「三二頭の犬を四五℃の高温の中で熱中症になるまで強制的に運動させた結果、二五頭が死んだ」などといった実験もありました（シンガー 二〇一一、九〇頁）。そもそもこのような実験は必要なのでしょうか。あるいは薬の副作用を動物実験によって調べるとしても、薬の動物に対する影響（副作用）と人間に対する影響（副作用）とが異なる場合があります。ある薬が動物実験で安全だった（副作用がなかった）からといって、人間でも安全だとは限らないのです。また他にもさまざまな「むだな」実験があったと考えられています。今では、動物実験を完全になくすことはできないとしても、不必要な動物実験は減らすべきだと考えられています。近年は動物実験では、３R（Reduction, Replacement, Refinement「削減」・「代替」・「改善」）ということがいわれています（詳しいことは伊勢田 二〇〇八等を参考にして下さい）。「削減」とは、動物実験を行わなくてはならないとしても、その件数をできるだけ減らすことです。「代替」とは、実験のために動物をまるごと一匹使うのではなく、培養した組織を使っても同様の研究ができるなら、そのような実験に変えていくことです（最近ではES細胞技術などにより、研究に必要な動物組織の培養も容易になっています）。そして「改善」とは、動物実験を行うにしても、できるだけ動物に苦痛を与えないような方法を用いることです。

また「動物解放論」の支持者は、肉食も好ましくないと考えています。人間は肉を食べなくても死にません。豆腐を食べていれば、タンパク質は十分補給できます。あるいは肉を食べるために牛や豚を殺すとしても、苦しみや痛みを与えることなく死なせる（つまり安楽死させる）方が好ましいことになります（ちなみに現在では牛の場合は電気ショックで意識を失わせてから頸動脈を切って失血死させることが多いようです。この方法では牛の苦しみは小さいとはいえないでしょう）。また現在、豚や鶏は工場のようなところに押し込められて育てられ、快適ではないような状態で育てられます。ピーター・シンガーを始め、動物解放論者の多くはこのような状況を批判し、日常的にも菜食主義者です。しかし、多くの人にとって今すぐ菜食主義者になることは困難でしょう。もっとも菜食主義にもいろいろなレベルがあって、哺乳類や鳥類は食べないが魚は食べる、という人や、魚も食べないけれど卵は食べるという人もいます。仮に食べるために牛や豚や羊や鶏を殺すとしても、できるだけ苦痛を与えないように麻酔などをかけて殺してから食べる方がよいという人もいます。工場のような不快なところではなく、広々としたところで快適に育てられ、苦痛を感じることなく死なせた豚や鶏なら食べてもよいという人もいます。

さて、先に見た動物実験の例からもわかるように、近年は動物にも道徳的に配慮することが求められるようになっています。しかしその場合でも、動物の種によって扱いに差をつけることもあります。具体的にいえば「高等な」つまり知能が高い動物（類人猿等）には道徳的に配慮し、そうではない動物には配慮しなくてよいという考え方です。たとえば生命倫理の人工妊娠中絶に関する論法で、「パーソン論」と呼ばれる論法があります。「パーソン論」とは知的能力が高い存在のみを「人格」と考えて、権利を認めるという理論のことです。このパーソン論では、胎児は生物学的にはホモ・サピエンスであっても知的能力が高くはないので、権利を認めないということになります。そして胎児には生命権を認めなくてもよいので、中絶してもよいということになります。しかし成長したチンパンジーは知能が高いので、成長したチンパンジーには権利を認める必要があることになります。この論法では、高等な哺乳類には人間と同様に、道徳的に配慮する必要があることになります。あるいは、人間と同じように苦痛を感じているであろう、脊椎動物にのみ道徳的に配慮する、または苦痛を感じる動物・生物のみに配慮するという立場もあります。

先に挙げた、ピーター・シンガーの「すべての動物は平等である」という論文で、彼はすべての「苦痛を感じる者」に対して平等に配慮しなければならない、と主張します。このようなシンガーの主張の背後にあるのは、動物（哺乳類、特に類人猿）も人間と同様の苦痛を感じているという確信です。そして苦痛を感じている者は道徳的配慮の対象になるとシンガーは考えています。シンガーは奴隷解放と同様の「動物の解放」が必要だと考えているのです。

五　非-人間中心主義と生物の内在的価値

それでは最後に生物の「内在的価値」と、それを認める「非-人間中心主義」という立場について説明しておきましょう。まず生物の保護について考える上で、どのようなレベルがあるのかを考えてみましょう。生物の保護については、個々の生物のレベル、生物種のレベル、生態系のレベルという三つのレベルで考えることができます。まず個々の生物のレベルですが、植物は無視して「動物」に話を限定すれば、このレベルの思考は個々の動物に苦痛を与えてはならない、という考え方に対応します。このレベルでは、動物個体そのものに焦点があてられており、個々の動物に価値があると考えられています。次に個々の生物個体というよりも、生物種に価値があるというレベルの考え方では、十分な理由があるなら個々の生物を殺すことはかまわないが、生物種の絶滅は防がなければならないことになります。そして、第三のレベルでは、個々の生物や生物種ではなく、生態系全体に価値があると考えられています。

重要なことは、このいずれのレベルで考えるとしても「人間中心主義」にはならず、「非-人間中心主義」の立場になるということです。

この第二のレベルの「生物種を保護する」という立場を例にとって、これがどのように「非-人間中心主義」の立場になっているのかをみておきましょう。みなさんもご存じの通り近年多くの生物種が絶滅しています。しかし生物種は自然に絶滅するものですし、実際に人類が大規模な産業活動を始める前にも多くの生物が絶滅しています。生物種が絶滅するのは、必然的なことです。あるいは「ああ、トキが絶滅してしまう」と生物種の絶滅を嘆くことは、単なるセンチメンタルな態度に過ぎないのかもしれません。それではなぜ生物種を保護する必要があるのでしょうか。

ここで薬の材料となることなど、生物種から得られる利益が失われるから生物を絶滅させてはならないということができます。例えばアマゾンに生息する珍しい植物から、ある種のがんに対する特効薬を作ることができるかもしれません。しかしその植物が絶滅してしまえば、その植物からその特効薬を作ることはできなくなります。どのような動植物でも薬などの材料になる可能性があるので、動植物も絶滅させてはならないことになるのです。このような考え方では、生物の価値は、すべて人間の利益になること、人間に何らかの形で貢献することから生じることになります。このような説明の仕方は人間中心主義的な説明です。しかしこの非-人間中心主義のレベルでは、人間にとって利益のない種であっても、絶滅を防がなければならないことになります。

一方、先に述べた第三のレベル、つまり生態系に着目する立場では、特定の生物が絶滅することの問題は、それによって、生態系のバランスが崩れることにあります。これは個々の生物種ではなく、生態系に価値があるという考え方に基づきます。そして生態系の価値を計る指標となるのが、生物多様性です。そして生態系全体を対象とする自然科学として、一九三〇年代頃に生態学(ecology)が生まれました。生態学に限らず、この頃から個々の生物ではなく生態系を守ることが必要であり、生態系というシステム全体に対する配慮が必要だと考えられるようになってきたのです。生態学(とくにいわゆる保全生態学)では、生態系のバランスを守るために人間がある程度介入して、増え過ぎた生物(たとえば北海道におけるエゾシカ)を殺すことは許されるし、むしろそうするべきだということになります。ただしこれは生態系に配慮することによって、農業に対するダメージを減らせるといった「経済的」な利益の配慮に基づく判断ではありません。あくまでも生態系全体を守ること自体に価値があると考えられているのです。

なお、環境倫理では「生物共同体」(biocommunity)という語が用いられることがあります。人間は「生物共同体」の一員に過ぎないというのです。この「生物共同体」という語は、生態系という概念を言い換えたものです。

さて、このような個々の生物に対する配慮、生物種が絶滅しないようにする配慮、生態系に対する配慮、いずれのレベルで配慮をするにせよ、この三つのレベルの考え方に共通することは「人間中心主義」を捨てるということです。「人間中心主義」とは、さまざまな価値、特に動植物の価値は、自分たちの利益(特に経済的利益)との関係で人間が与えたもの、構成したもの、投影したものに過ぎず、植物や動物の中に何らかの価値が実在するとは考えない立場のことです。例えば、先に述べた「なぜ種の絶滅を防がなければならないか」という問題についての「薬がとれるから」という説明は、人間中心主義的な説明です。つまり人間への種々の利益があるから種の絶滅を防ぐべきだということです。このような説明では、自然は人間が様々な「利益」を得るための道具だと考えられています。「利益」とは、特定の植物・生物から貴重な薬をとることができるといった、薬学・医療のための利益であり、他には農業・漁業・林業による利益、さらに生活のための狩猟の対象にするという利益、種々の純粋に学術的な生物学的研究に使うという利益、観光資源として見て楽しむという利益、そしてそこに住む人々の自然とともに生きる「生活」や「文化」から得られる利益などのことです。こういった人間中心主義的な説明では、自然の価値を人間にとっての利益(特に経済的利益）に還元していることになります。粗っぽい言い方をすれば、自然や人間以外の生物は、しょせん何らかの利益を得るための「道具」としての価値しかもたないことになるのです。

一方、先に述べたように個々の動植物、さらに種や生態系にも「内在的価値」を認める立場は、人間中心主義、つまりすべての価値を人間にとっての利益に還元する立場ではありません。「内在的価値」とは、何らかの目的を達成するための手段としての価値ではない、「それ自体がもつ価値」のことです。つまり「内在的価値」とは道具としての価値ではなく、それ自体として、人間とは無関係に存在している価値のことです。例えば芸術作品には「内在的価値」があると考えられます。芸術作品の価値は、何らかの目的のための道具としての価値ではありません。人間についていえば、「人間の尊厳」とは人間の内在的価値を表した語だといってよいでしょう。非-人間中心主義は、人間以外のものにもこのような「内在的価値」、つまり単なる道具的な価値ではない、「それ自体での価値」を認める立場です。一方生物に食物としての価値や経済的価値しか認めないなら、それは「人間中心主義」だということになります。

非-人間中心主義の立場では個々の生物を（意味もなく）殺すことが悪いのは、その生物が死んでしまえば、その生物の「内在的価値」が失われてしまうからです。動物を意味もなく殺すことは「それ自体で」（あるいはその生物自身にとって）悪いのであって、「飼い主に悪いから」ではありません。生物種の絶滅も「それ自体で」悪いのであって、人間にとって何らかのデメリット（とくに経済的なデメリット）があるから悪いのではないということになります。生態系の破壊も「それ自体で」悪いのであって、生態系が破壊されることによって、人間に経済的な不利益が生じるから悪いのではない、ということになります。

このような非-人間中心主義は、現代の生物学研究の成果をある程度反映しています。ダーウィンの進化論の登場以降、人間は自然界の中で特殊な存在ではなく、あくまでも一つの生物種に過ぎないという理解が広まってきました。さらに分子生物学の研究の結果、すべての生物種でDNAは同じ塩基によって作られていることがわかりました。生物種の違いはDNAの塩基配列の違いでしかないのです。さらに「ヒトゲノム」解析などの遺伝子解析研究の進展の結果、人間とチンパンジーやゴリラでは、遺伝情報の違いはほとんどないことがわかりました。例えば、人間とチンパンジーではゲノムの塩基配列は一パーセント程度の違いしかありません（理化学研究所のホームページ。http://www.riken.jp/r-world/info/release/press/2002/020104/index.html）。

しかし、生物の「内在的価値」などというものは本当にあるのでしょうか。価値とはそもそも私たちが与えるものであり、「それ自体として」は存在しないのではないでしょうか。そもそも「内在的価値」は自然的・物理的事実として存在するものではありません。内在的価値とは目に見えるものでもなければ、手にとってふれることができるものでもありません。そもそも本当に生物に内在的価値は存在するのでしょうか？　そしてそのような内在的価値が存在するとして、人間にそれを認識する能力はあるのでしょうか？　そして動物や自然物の道徳的地位はどのようなものでしょうか？　このような形而上学的な議論では、哲学者は燃え上がります。哲学者はこういう問題について議論することが大好きなのです。このような議論は直接、動物の待遇の改善や環境保護に貢献するわけではありませんが、環境保護に関する議論に間接的に貢献するといってよいでしょう。

哲学的な議論を積み重ねていくと、非‐人間中心主義を採用することはかなり困難であることがわかります。すべての生物に「内在的価値」があると証明することは困難です。また人間に内在的価値を認識する能力があると考えることも困難です。道徳とは基本的には人間同士の関係に関わる概念ですから、動物に人間と同じ道徳的地位を認めることも困難です。このような困難が認識されることによって、哲学的環境倫理学の中では、人間中心主義が再び主流になってきました。しかし、このような立場は、人間中心主義といっても人間の経済的な利益などを中心にする立場ではないので、「弱い人間中心主義」と呼ばれています。一方人間の経済的利益などを中心にする考え方は「強い人間中心主義」と呼ばれています。「生物を尊重する」ということは、〈「強い人間中心主義」的な態度を捨てること〉だといってよいでしょう。しかし、人間中心主義的な立場をとるからといって動物の福祉を無視してよいということにはなりません。「弱い」人間中心主義の立場をとりながらも、動物の「福祉」も尊重することが望ましいといってよいでしょう。

私たちの多くは、生物にも何らかの内在的価値を認めているといってよいでしょう。したがって、私たちの多くは多かれ少なかれ「非‐人間中心主義」の立場をとっているということができます。しかし、私たちは非‐人間中心主義の立場がある程度は正しいと認めながらも、肉を食べているのが現状でしょう。
さて、それでは話を簡単にまとめておきましょう。結論をいえば、動物に人間と同じような法的な権利を認めることは困難です。自然環境を守るための自然の権利訴訟も、かなり「厳しい」ものだといってよいと思います。しかし動物にも、意味もなく殺されない権利、虐待を受けない権利があると考えてよいでしょう。動物にも何らかの道徳的配慮をする必要があるし、意味もなく動物に苦痛を与えたり、動物に残酷なふるまいをするべきではないのです。したがって、動物実験は最小限にするべきだし、動物実験を行うとしても動物の福利を考慮しながら、できるだけ苦痛を与えないような形で行わなければならないことになります。肉食もできるだけ避ける方がよいということになるでしょう。

〈参考文献〉

伊勢田哲治『動物からの倫理学入門』(名古屋大学出版会、二〇〇八年)
伊勢田哲治「動物解放論」(加藤尚武編『環境と倫理　新版』有斐閣アルマ、二〇〇五年、一一一―一三三頁)
一ノ瀬正樹『死の所有　死刑・殺人・動物利用に向きあう哲学』(東京大学出版会、二〇一一年)
大上泰弘『動物実験の生命倫理』(東信堂、二〇〇五年)
鬼頭秀一「アマミノクロウサギの「権利」という逆説」(鬼頭秀一編『環境の豊かさをもとめて』昭和堂、一九九九年、一五〇―一六七頁)
自然の権利セミナー報告書作成委員会『報告　日本における「自然の権利」運動』(山洋社、一九九八年)

畠山武道『自然保護法講義［第二版］』（北海道大学出版会、二〇〇五年）
山村恒年・関根孝道「アマミノクロウサギに代わって訴訟」加藤尚武編『環境と倫理』（有斐閣アルマ、一九九八年、六五―八四頁）
カント『講義録II』（カント全集20巻、岩波書店、二〇〇二年）
ピーター・シンガー『動物の解放』（戸田清訳、人文書院、二〇一一年）
クリストファー・ストーン「樹木の当事者適格」（岡嵜修・山田敏雄訳）『現代思想』（青土社、一九九〇年一一月号、五八―九八頁）
マーク・ベコフ『動物の命は人間より軽いのか――世界最先端の動物保護思想』（藤原英司・辺見栄訳、中央公論新社、二〇〇五年）
バーナード・ローリン『獣医倫理入門』（竹内和世・浜名克己訳、白揚社、二〇一〇年）
ロデリク・F・ナッシュ『自然の権利　環境倫理の文明史』（松野弘訳、ちくま学芸文庫、一九九九年）
関西倫理学会編『倫理学研究』第四一号（シンポジウム総題「動物――倫理への問い」晃洋書房、二〇一一年）
（理化学研究所のホームページは二〇一三年三月六日確認）

表5-1　アメリカでの絶滅危惧種に関する一連の訴訟

1973	「絶滅の危機に瀕する種の保存法」制定 絶滅する種のために，アメリカ国民なら誰でもが原告になることができる
1978-79	同法により絶滅危惧種「パリーラ鳥」とシェラ・クラブが共同原告となった訴訟で勝訴
1991	同法によりニシアメリカフクロウとシェラ・クラブが共同原告 ニシアメリカフクロウは訴訟当事者としては記載されないが，原告は勝訴
1992	マーブレッド・マーレット鳥とオーデュボン協会が共同原告となり勝訴
1995	マーブレッド・マーレット鳥訴訟 「絶滅危惧種」の当事者適格を認める

第六章　動物たちの孤独

佐藤淳二

一　魔術師とその馬たち

その絵を誰が描いたのか、永遠にわかりません。はっきりしているのは、夥しい動物たちが、洞窟の暗闇にひっそりと、三万年以上の時間を過ごしたことだけです。フランスで一九九四年に発見されたショーヴェ(＝ポン＝ダルク)洞窟の壁画は、フランス文科省のホームページなどで見るだけでも、その存在感に圧倒されます。有名なラスコー洞窟の壁画を遡ること、実に一万五千年以上、気の遠くなるような時間の隔たりです。それにもかかわらず、まだ息づかいが聞こえてくるような馬たちです。この絵を残した「画家(たち)」が、深く動物と関係していたのではないでしょうか。そうでなくては、数万年の時間を超えて、私たちの感性に訴えてくるような絵が残るということなど、とても考えられないからです。

人間と動物の関係は、かつてそれほどまでに深かったのでしょう。どこからが人間で、どこからが動物なのか、その区別はおそらくはっきりしなかったほどではないか。この問いは後で、人間の無意識の世界がいかに動物に近いか、そして、未開民族の思考がいかに動物との親近性を保っているかという話題で再び考えることにします。無意識や野生の思考の中に残っているのは、数万年に及ぶ壮大なスケールでの動物と人間との関係そのものです。それは、魔術的なといえばわかりやすいでしょうが、単に動物に憑依されるとか、同一化するとか、そういうことで言い尽くせるものにも思えません。動物と人間の関わりは密接ですが、それにも関わらず両者の距離も巨大ですから、両者の関係もそう単純に割り切れるものではありません。よくいわれることですが、犬が現れたときには私たちはただちに「あ、犬だ」と動物の種類を頭に浮かべますが、同じように人が目の前に急に現れても「あ、人間だ」とは思いません。動物と人間は、非常に隔たってもいるのです。しかしだからこそ、その両方が交差して何かができあがるときに、非常に隔たったものがつながるときに、何かが煌めくような、生き生きとした生命の感覚が生じるのではないでしょうか。「画家（たち）」が洞窟の壁に残したのは、そのような煌めきかもしれません。

しかし、この魔術はいつしか破られ、動物と人間の間にあった生き生きとしたものは失われました。その後の人間と動物との関係は、決して幸福なものだったとはいえないのです。ご承知のように、人間は動物を支配し、道具として使い、「改良」の美名のもとに都合のいいように交配改造し、家畜化して食べ、挙げ句には多くの動物種を絶滅させてきたのです。現在の地球では、人類という「動物」が、七〇億もの個体数でもって、他の動物たちを圧倒するに至っています。人間と動物は、今や深く隔てられて、互いに孤独です。

ここでは、この孤独の意味を考えてみます。歴史学やエコロジー、生命科学・生命倫理とは、やや異なる観点から、文化史的思想史的に、人間と動物の関係を振り返り、そうすることで、現代文化の一つの側面（ふたたび動物と人間が「合体」し始めたという現象、いわゆる「動物化」）について考えることにいたしましょう。人間自身が自らの孤独に気づき、そのために、ようやく動物たちの長きにわたった孤独にもまた気づいたのかもしれません。少なくともそういう予感に導かれつつ、話を進めていきましょう。

二　声を追放すること

人間が動物と別れた、あるいは、動物が孤独の中に閉じ込められるようになった、その時期がいつのことか、はっきりとはわかりません。わかっていることは、西洋の場合、古代ギリシアですでに動物たちが孤独に追いやられていたということです。それは、偉大な哲学者であるアリストテレス（紀元前三八四―紀元前三四七年）でわかります。アリストテレスといえば、アレクサンダー大王の先生として有名ですが、実に広範な分野で彼の名前を冠した書物が伝えられています。天文学、動物学から形而上学に至るまで、西洋世界の長い伝統の中でも、最も影響力のあった思想家の一人といってもいいでしょう。ルネサンス時代に、巨匠ラファエロ（一四八三―一五二〇年）がヴァチカン宮

図6-1　ラファエロ『アテネの会堂』部分

に残した有名なフレスコ画『アテネの学堂』は、ギリシアのきら星のような哲学者たちを一堂に介させています。その中心に二人が見えますが、これは間違いなくプラトンと議論するアリストテレスの姿(向かって右の人物)でしょう。ギリシアの知の輝ける星座の中心にひときわ光る巨星として、アリストテレスへの尊敬は長く続いたのです。そのアリストテレスは、人間を「社会的動物」と定義したのでした。一見すると、人間と動物を同類に見ているようでもあります。ただ、「社会的動物」とはどういうことか、例えば、猿はもちろんのこと、蜂類といった昆虫でも、時に高度に組織された集団で暮らすが、これも「社会的動物」ではないのか、といった疑問が湧いてくるでしょう。さらには、社会的であれ「動物」というが、では「社会的動物」はどこまで普通の「動物」なのかといった難問も出てくるでしょう。わからないことだらけなのに、そもそもアリストテレスは、「ポリス的動物(ゾーン・ポリティコン)」といったのであり、これは「社会的動物」でもあれば、「政治的動物」とも考えられるとなると、まるで迷路のように問題は複雑になっていくわけです。
こういう場合、いろいろと解説を探しても無駄です。とりわけ、アリストテレスほどの巨人の場合、その注釈や解説だけで一つの図書館になるほど多いのです。そこで、最新の翻訳の助けをかりて、まずは原典にあたってみるのが早道でしょう(アリストテレス 二〇〇一)。

「かくて、以上から明らかに、国家は自然によるものの一つであり、そして人間は自然によって国家的(ポリス的)動物である。そして偶運のいたずらでなく、生まれついた性質のゆえに国なき者は、人間として劣悪な者か、それとも人間を越える存在であるかのいずれかである。」

アリストテレスは、人間がその本性からして自立自足の拠り所を求めるのであると考えた。その拠り所が、他ならぬ「国家」すなわち「ポリス」である。人間が人間らしく生き、その幸福や善を実現するのは、国家や共同体の中においてなのだ、とアリストテレスは言っていることになります。問題は、「国家的」に生きるとはどういうことか、でしょう。そこでアリストテレスは、不思議なことを言い出します。アリストテレス『動物誌』(第一巻第一章)では、人間は群棲動物(ミツバチ、スズメバチ、アリ、ツルなど)とあまり変わらないといわれているだけにいっそう、この部分は不思議で唐突という印象を否めません。

「ところで、人間が、どんなミツバチの種よりも、どんな群棲的な動物よりも、いっそう国家的動物である理由は明らかである。なぜなら、われわれの主張するところ、自然は無駄なものはなにも造らないからである。動物のなかで人間だけが言葉をもつ。なるほど音声は快と苦を伝える信号ではある。それゆえ他の動物にも音声はそなわる。というのは彼らの自然本性は快と苦を知覚し、それらをたがいに伝えあうところにまで進んできているからである。しかし人間に独自な言葉は、利と不利を、したがってまた正と不正を表示するためにある。なぜなら、人間だけが善と悪、正と不正、その他を知覚できるということ、これが他の動物と対比される人間の特性にほかならないからである。そして人間がそれら（善と悪、正と不正など）を共有することが家や国家をつくるからである。」（アリストテレス　二〇〇一、一〇―一一頁）

いささか引用が長く、辟易されたかもしれません。しかし、西洋の思想史において、人間と動物の関係を考えるときに、この文章はつねに関わるといっても過言ではない、そういう根本的な原典なので、じっくり読み直してみたいところです。この文章では、先ほどからの疑問の一つ――ミツバチを始めとする群棲動物も、一種の「社会」を作っていることをどう考えたらいいか？――に、アリストテレスが答えていることがわかります。人間は、ミツバチやアリなどとは比べものにならないくらい高度な社会を作るが、それは要するに人間が言葉を喋るからというわけです。言葉は、ギリシア語で「ロゴス」であり、アリストテレスは、人間の本質、すなわち動物と人間の間にある根本的な違いを、「ロゴス」という基盤の上に据えたのです。言葉を操ることによって、人間は、「利害」を知り、そして何が正しく、何がそうでないかを判断し、倫理つまり共同生活の基盤としての正義と不正義によって相互の理解を確立するのです。言語によって社会が可能となり、それが維持され、さらには拡大され、そして、最も重要なこととして、伝承されていきます。伝承されることによって、社会は、世代を超えて続いていくばかりか、変化し発展していくことになるのです。つまり、歴史が生まれます。こういったことは、動物には見られない。動物も進化するが、それは環境による変化という要因が大きく、人間のように、言語によって自分たちの生きる空間ないし環境を変え続けていく存在、一言でいって歴史的に存在する生物は、この地球上には他にまったくいません。アリストテレスの文章の含意はさらに深く広いのですが、当面の私たちの思考にはこれくらいのまとめで十分でしょう。

アリストテレスが、人間を「国家的社会《ポリス》的な動物」とし、その本質を「言語＝ロゴス」に求めたことは、この後の西洋の考え方を決定的に方向づけました。近代哲学の父ともいうべきデカルト（一五九六―一六五〇年）は、ある意味でアリストテレスより徹底していたかもしれません。デカルトは、動物を一種の機械仕掛けとみなしていたからです。動物は、複雑な言葉を喋らないからですが、こうなるといよいよ、人間と動物は決定的に隔てられてしまいます。より正確を期すなら、デカルトは、動物たちは人間のように「答えること」「応答すること」が出来ないといっているのですが、これは「責任」という厄介な問題に絡みますので、ここではふれることができません。ともかくも、アリストテレスのところでは、まだ人間も動物の一つで、ただ言葉と社会の両方をもつ特別で特権的な存在とされていたに過ぎないともいえます。しかし、アリストテレスからデカルトに至ると、明らかに人間は言葉をもつという特権のもとに、動物たちの上に君臨し、動物たちよりはるかに高いところから、彼らを支配するようになったのです。

デカルトは一七世紀フランスの哲学者ですから、いささか先を急ぎすぎました。話を紀元前四世紀のアリストテレスに戻しましょう。問題は、動物を孤独に追いやる、あるいは人間と根源的に異なるものとすることで、人間たちは何かを失い続けてきたということであり、あるいは、何かについて気づかなくなってしまった、無感覚になってしまったということなのです。難しいでしょうか？　こう考えてはどうでしょうか。現代フランスの哲学者ジャック・ランシエール（一九四〇年生）が、おもしろい指摘をしているのです（ランシエール　二〇〇五）。それは、先に引用した箇所で、アリストテレスが、「言葉（ロゴス）」と「声」を分けているという指摘です。もう一度、引用文をよく読んでください。そこには、「声を出すだけなら、快と苦を表示するものなのだから、他の動物にも出来ることなのである」とあります。動物は「声」をたがいにやりとりするが、それだけでは快楽と苦痛だけしか伝わらないだろう。気持ちがよいか、痛いか、それしかない。つまり、それは感覚に過ぎず、言葉（ロゴス）では表現しきれないものである。言葉を越えたところで、人間と動物は確かに一致している。それが、私たち（と動物）が絶対に共通の仕組みとしてもつもの、すなわち感覚する〈身体〉に属する領域なのである、と。アリストテレスは、人間の人間らしさを、感覚や身体に求めず、それらを動物の領域(すなわち叫びや声)に追いやることで、「利害」と「正義・不正」という抽象的で感覚できない、身体や物体(フィジカルなもの)を超えた言語と〈精神〉の次元を確保したのです。日々移ろい、時間の中で消えていく感覚の泡のような頼りなさが、動物と身体の世界です。これに対して、アリストテレスは、確固としたものを欲したのです。論理と言葉によって確固として打ち立てられ、時間を超えて存在する本質、そういう不変の本質に関わる存在として、私たち「人間」を確保しようとしたのです。

しかし、これは逆に見ることもできます。つまり、手に入れるものがあるのは、何かを手放したからだ、と。普遍的で精神的なものを手に入れたのと引き換えに、「人間」は、「声」と「身体」すなわち感性の基盤から切り離されたのです。私たちが、本質的に言葉で「永遠」を掴んで「人間」となったこと、これはアリストテレスのいう通りでしょう。しかし、それは動物との別れを意味しています。それまで数万年にわたって、あのショーヴェの壁画に見られるように、感性と「声」で魔術的につながっていた動物たちと、私たちは隔てられ、動物たちは闇の中に、言葉のない奴隷として孤独なまま放置されることになったのです。

果たして、「声」と動物たちは、このように排除されたままでいいのでしょうか。感覚する次元を無視し、蔑視することは、こうして動物を支配し、さらには、国家(政治)から「女性」や「子供」を排除してきたことと関係がありそうです。ともあれ、精神と言葉だけを基盤にして作られた文明は、早晩行き詰まる、あるいはすでに行き詰まっているのではないでしょうか。これが現代の私たちが抱かざるをえない疑問です。動物を考えること、それは二千年以上にわたって、排除され、孤独にうち捨てられてきた存在から、逆に、私たちの新しい未来の可能性を教わることにつながるのではないでしょうか。

このように「声」と「動物」から隔てられた文明の歴史の中で、例外的に動物とのつながりを忘れなかった領域があります。それが文学であり、後に精神分析学であり、そして文化人類学なのです。また、意外なことに近代の政治学にも、動物との近さを証言するものがあります。ルソーの政治思想がそのようなものの代表です。これらを順に見ていくことで、現代の動物たちの孤独を考えていくことができそうです。

三　吃音者の孤独あるいはイソップのイチジク

京都・高山寺に伝わる(現在は博物館にある)国宝『鳥獣(人物)戯画』のように、動物を人間に見立てて、皮肉とユーモアでもって描き出すという古くからの伝統が、日本にはあります。西洋でも人は、やはり似たようなことを考えるもので、「寓話」というジャンルが広く存在します。こういう領域、文学と通常呼ばれる領域では、変身などの魔術的な出来事が起きても平気ですから、人間と動物はクロスオーヴァーするのも問題ないわけです。その代表といえば、何といってもイソップ(アイソーポス、紀元前六世紀?)の寓話でしょう。アリとキリギリスの話など、現代でも誰もが知っているほど語り継がれています。もちろん、作者のイソップについては、あまりはっきりしたことはわかりません。フランス一七世紀の大詩人ラ・フォンテーヌ（一六二一―一六九五年）も、『寓話』（岩波文庫）の作者として有名ですが、彼は、大先輩にあたるイソップについて短い、しかし、たいへん興味深い評伝を書いています。それによればイソップはフリギアの生まれで、奴隷であった上に、極度の吃音だったというのです。言葉がうまく操れない、喋ろうとすると舌がもつれた、といいます。

ラ・フォンテーヌによる、イソップのエピソードです。ある日のこと、イソップの主人は、風呂上がりにイチジクを食べようと楽しみにしていました。しかし、給仕係のアガトプスは、主人が入浴している間に、仲間と謀ってイチジクを食べてしまったのです。その罪は、言葉の喋れない奴隷イソップのせいにしてしまえばいい、というつもりでした。さて、風呂から出てきた主人は、イチジクがないことに気づくや、激怒しました。アガトプスたちは、手はず通りに、下手人はイソップだと嘘をつきます。イソップは、舌がもつれて言葉になりません。ようやく、少しだけ猶予をもらい、お湯をとりにいき、主人の目の前で飲み、指を口に入れて胃の中の物をお湯もろとも吐き出しました。もちろん、イチジクは出てきません。このパーフォーマンスに、はたと合点のいった主人は、給仕係たちに同じことをさせました。まだ未消化のイチジクが、胃から出てきたことはいうまでもありません。主人は、悪い召使いたちに厳しい罰を与えたといい伝えられています。

興味深いエピソードです。食べ物は口から入り、言葉は口から出てくるというのが普通です。しかし、イソップの口からは、言葉がどうしても出なかったのです。そこで賢いイソップは、言葉の代わりに、言葉の指示する物がないということを示したのです。悪者たちには、言葉の指示する物(イチジク)を言葉の代わりに吐き出させたのです。食物を入れて、言葉を吐き出すのが、通常の口の役割でして、この逆をしてはいけないと私たちは教えられています。それがエチケットであり、食事の作法であり、作法を守らないのは人間ではなく、動物のように食べるといわれる、そう叱られるわけです。そのように食べ物と言葉との区別、つまるところは人間と動物の区別ですが、それがうまくつけばいいのですが、イソップの場合はそうではなかった。でも、イソップはそれを実に巧みに利用して、言葉と食べ物を区別しなくても、「喋ること」つまり、自分は無実で、胃の中には何もなく、他の召使いたちこそ嘘つきの悪人だ、と実際の行為で「語る」こと、主人に伝えることができたのです。人間と動物は、言葉と食べ物の混ざり合いで、混ざり合うのかもしれません。少なくとも、食事の仕方、その作法は、人間と動物を区別するものの一つでしょう。

この挿話では、一方に、言葉でコミュニケーションする者たちがいて、彼らは打算で悪事をなすが、他方に、言葉を話せない側があり、こちらに素朴さと正直さと本当の知恵が授けられています。言葉を操るというのが、アリストテレスによれば人間という「国家(ポリス)的動物」の本質をなしていたわけですが、イソップだと、あっさりと言葉の操れない側に、正義と知恵、共同体の倫理があると描かれているのです。この挿話を書いたのが一七世紀絶対王制のもとにあった詩人ラ・フォンテーヌだということもあり、話の背景や意図は実はもっと複雑なのですが、イソップやラ・フォンテーヌという動物を主人公とした寓話群を残した作者たちは、言葉があればそれでいいというようなことは考えていなかった、だからむしろ、動物に近いところで発想出来た、ということはいえそうです。

この動物への近さ、言葉からの遠さ、両者を混ぜ合わせる妙技あるいは距離感とでもいうべきものを、文学以外の人間科学の分野で次に探ってみたいと思います。

四　動物、我らの内なるよそ者

動物との近さ、言葉からの距離感、イソップのラ・フォンテーヌによる挿話から、私たちの手にした手掛かりをもう少し確実なものにしていきたい。すぐに思い浮かぶのが、精神分析理論の創始者であるジークムント・フロイト（一八五六―一九三九年）の名前です。精神分析は、二〇世紀初頭に登場して世界の人間観や文明観を大きく変化させましたが、無意識の探究というまったく新しいその知見は、私たちに日常の意識の領域をはるかに超えた広大な広がりを垣間見させてくれます。

ところで、精神分析には、動物と関係の深い症例が並んでいます。重要な症例（「オオカミ男」「鼠男」など）のみならず、分析例に現れる動物（例えば、レオナルド・ダヴィンチの場合の「ハゲタカ」など）まで数え上げていたら、関係する動物の数は夥しいものになるでしょう。これはまたどうしたことなのでしょうか？　簡単にいえば、私たちの「身体」は、アリストテレスのいったように「声」の領域であり、アリストテレスが慧眼にも見抜いた通り、「快と苦」つまり心地よいか、求めるべきものであるか、苦痛であるか、避けるべきものであるか、という選択をなすための「快原則」の領域であるからです。それはつまり、私たちの「快」の源泉である性的なものが、深く「動物的」であるということなのです。フロイト理論と動物の問題はこうして非常に興味深いのですが、ここではこれ以上は深入りせずにおきましょう（これらの問題を含めて広くフロイト自身と彼以降の精神分析理論の展開については、コンパクトにまとまった立木康介編著『精神分析の名著』（中公新書、二〇一二年）を参照してください）。

一つだけ例を挙げておきましょう。ハンス少年と仮名で呼ばれるある五歳児の例です（「ある五歳児の恐怖症の分析」総田純次訳、『フロイト全集』第十巻、岩波書店、二〇〇八年）。ハンス少年は、動物恐怖症に苛まれ、馬が部屋に入ってくるという不安にとらわれます。フロイトは、この不安を、父親と母親と子供の関係（パパ、ママ、オイディプス）にあまりにも早急に還元してしまったかもしれません。ハンス少年は、馬というよりも、鉄道を含めた経路（欲望の対象の辿る経路）をたどり直したかったのかもしれません。ともあれ、子どもの心の奥底に、動物への憧れと恐怖がないまぜになる何かが蠢いていることだけは確かなようです。

このような心性、心の奥底にある動物との関係を、鮮やかに私たち現代人に思い出させてくれる学問として、さらに文化人類学を挙げないわけにはいきません。

文化人類学は、私たちの文化と遠く隔たった文化を比較することで、遠くから見た自分を知らしめる、そういう知の方法論のことでしょう。代表的な文化人類学者として、フランスのレヴィ＝ストロース(一九〇八―二〇〇九年)の名を挙げても、まず怒られることはないでしょう。彼の代表作『野生の思考』(初版一九六二年)は、実に魅力的な書物ですが、ここではごく限られた範囲――トーテミスム――に話を絞っておきましょう。

レヴィ＝ストロースといえば、二〇世紀言語学の影響を受けた「構造主義」的方法で知られているのですが、実は、彼には精神分析の影響が濃厚に見て取れます。例えば、『今日のトーテミスム』(初版一九六二年)という本は、トーテミスムという概念はあやふやで怪しい、もしかしたら幻だったのではないかというような批判から始まりますが、そこでレヴィ＝ストロースは、トーテミスムは「ヒステリー」と同じように、はっきりと病気としてつかもうとするとつかめない、実体の捉えがたいものだと述べています。トーテミスムとヒステリーを比較するところなど、まさに精神分析の影響そのものです。トーテミスムというのは、氏族が自分たちの祖先を動物や植物に見出して、それを信仰することとされてきましたが、レヴィ＝ストロースは、これを疑います。トーテミスムを理論的に認めてしまいますと、自然と文明、動物と人間が連続的につながってしまいます。サルから人間に進化したという進化論の話とは、まったく別の問題であることに注意してください。人類学は、人間と動物の「近さ」を示してくれますが、それはあくまでも一度断絶した上での「近さ」だということです。それでは、人間と動物は、どのような「近さ」をもっているのでしょうか？

文明の起源、あるいは自然はどこで限界となって、どの線を越えたときに文明となるのか？　これが少なくとも最初のレヴィ＝ストロースの問題だったでしょう。文明は、家族の構成とともに始まり、家族は、「近親相姦の禁止」という法（掟）によって始まります。これは、オイディプス・コンプレックスを基礎に置いたフロイトと軌を一にした、というかほぼフロイトの主張に沿った考え方といえます。このレヴィ＝ストロースの考え方には非常に批判が多いけれども、今日はその問題は棚上げにしましょう。自然界の動物たちと文明化された人間たちとは、この近親相姦禁止の掟によって、根底的に引き裂かれていて、大きなクレヴァス（亀裂）のこちら側とあちら側に分けられている、そういう想定となります。この隔たりを超えて、どのようにして文明は、特に未開民族の文明は自然との生き生きとした関係を維持するか？　その手段が、「トーテミスム」と見えるやり方、あり方、自然観なのです。ごく簡単な話にとどめておきますが、それは次のようなことです。

トーテミスムの従来の考え方では、未開民族は、自分たちの「トーテム」動植物などと直接につながるという幻想をもっているとされていた。未開民族は自然に近いから、きっと自然とつながる幻想をもっているだろうと、文明国の学者たちは幻想を抱いていたのです。レヴィ＝ストロースによれば、それはとんでもない間違いで、肝心なことは、未開民族が、トーテムと関係するにしても、それは単純な連続では決してない、はるかに複雑で高度な形で――複雑な「論理学」を駆使して――関係しているというのです。それが動物と人間を、隔てながらも関係させる、徹底的に非連続である動物と人間、自然と文明を複雑に関係させる論理なのです。

この論理はどのようなものか。興味深いことに、レヴィ＝ストロースは、自分の考え方の先駆者としてジャン＝ジャック・ルソー（一七一二－一七七八年）の名を挙げているので、この「論理」をレヴィ＝ストロースのルソー解釈から考えてみることにしましょう。そうすることで、自然と文明の切断と関係の問題を、社会という平面で最後に考えることが可能となるでしょう。

五　自然と文明の差異、オオカミ男はもういない

レヴィ＝ストロースは、ルソー生誕二五〇年（一九六二年）を記念する有名な講演で、「人類学の父はジャン＝ジャック・ルソーである」と宣言しています。『今日のトーテミスム』という書物の中でも、ルソーの『人間不平等起源論』（一七五四年執筆）を、フランス語圏で「最初の一般人類学論」としています（レヴィ＝ストロース　二〇〇〇）。この書物で、ルソーは確かに、自然状態と文明状態の深い断絶を論じています。ルソーは、本能によって自然の内部にがっちりと組み込まれていつまでも変わらない動物に対して、動物を真似することで自然に一致するようにしている（無意識にせよ）人間という対比で考えています。この考え方自体は、実は古い伝統に根ざしたものです（「模倣（ミメーシス）」を人間の本質とする考えは古来からあります）が、いまはそれはおいておきましょう。大事なことは、動物は本能で動いている、だから自然から出ることはありえない、しかし、人間は動物を真似ているだけ、動物を鏡のように映して真似るだけで、事情が変われば「模倣」をやめるかもしれないし、そうして自然から出て行くかもしれない、そういう区別があることになります。自然状態では、未来や過去を考えることなく、ひたすら現在に関わっていればよいし、感覚と快感不快感に応

じて行動していればいい。人間は、このような生活を超越し（あるいは逸脱し）、未来を推測し、そこから現在を計算するという「理性」段階に入ることが可能である。ルソーの主張はおおむねこのようになっており、レヴィ＝ストロースも忠実にそれを提示しています。

話が複雑になってきたかもしれません。何しろ、アリストテレスのところで、動物が「声」とともに追放されたのを見たわけですから、そろそろ人間と動物のつながりを回復させて、調和ある環境と持続的な世界を実現しよう、という耳障りのいい結論になりそうなのですが、なかなかそうは問屋が卸しません。もう少しですので、我慢してお付き合いください。

さて、レヴィ＝ストロースによれば、ルソーの議論の最重要点は、動植物界（自然におけるバランスや食物連鎖などを含めてのトータルな関係）と人間社会とはどのように関係するかについて、一つの解答を提示したところにあります。ルソーは、動物と人間、自然と文化文明といった区別を立てた上で、その移行を考えた。そのために、すべてに共通な一つの基盤が必要だと考えついた。動物も人間もそれぞれ別でいながら、この同じ基盤に根をもつし、自然と文明も同様となるような、そういう基盤はありえるのか？　ありえるとしたら、それは何か？　これがルソー思想にとって最大の問題の一つだったのです。そのような基盤とは、レヴィ＝ストロースによれば、感情と知性とを不可分に兼ねそなえた、自分の感覚と結びつきながら、同時に自分の感覚を越えて他者を理解させるもの、すなわち他者への「憐憫」、他者の不幸・苦痛を、自分では実感していないにもかかわらず、まるで感覚したかのようにして自分の経験にする、そういう魂の働きだというのです。

これは西洋の思想の流れの中では、なかなか面白い問題です。「憐憫」というのは、自分とは別の存在の苦痛を自分のもののように感じることで、言い換えれば、他者になる、自分と違う存在になるということです。自分になることから始める考え方（その代表が、いうまでもなくデカルトの「我思うゆえに我有り」つまり「コギト」ですが）とは違って、まずは、他者になることから、自分が他者と同じに苦しむ存在だと感じるところから出発することであるといえましょう。他者と一緒だという感覚から、ひき続いて、お互いを区別するのです。そうでないと、自分が苦しんでいるのか、他人が苦しんでいるのか区別がつかず、「憐憫」ということにはなりません。幼児は、友達が先生や大人に叱られたりすると、まるで自分が叱られたかのように感じるようですが、あの感覚は人間の出発点にあるようです。

図6-2　リヴァイアサン扉絵

ともあれ、他人との同一性から出発すべし、というルソーの考えは、一七世紀の英国の思想家トマス・ホッブス（一五八八－一六七九年）の対極にある考えであり、その根底的な批判となっています。ホッブスの主著は、『リヴァイアサン』ですが、その扉絵には、人間を吸い込んでうろこのようにしている怪物リヴァイアサンが描かれています。ホッブスの有名な言葉にあるように、この世界では「人間にとって人間はオオカミ」なのです。一人一人がお互いを出し抜き、裏切り合います。これを克服するために、ホッブスは、超越的に強力な国家を要請します。これは、自由の果てについに自由を制限するものが来るということで、近代政治思想の難題となっていることは、ご存知でしょう。人と人がみな平等になると、最後は殺し合うことになるのでしょうか？

ルソーは、このホッブスの提起した難題に、さまざまな形で答えているのです。その要点は、人間と人間の関係だけでは、国家という超越的な存在が出現するのを抑止することはできない、それはホッブスのいう通りだが、しかし、自然と人間を関係させることで、ホッブスを乗り越えることができるだろう、というものです。自然と人間は断絶しているが、その断絶を無視してしまうと、ホッブスのいうように、全員の不幸が帰結します。だが、自然と人間が、隔てられながらも関係できるとするならば、「憐憫」つまり他者から出発する生き方が可能となる、これがルソーの解答です。ですから、「自然に帰れ」とルソーが主張したというのは誤りなのです。ルソーが主張したのは、他者を感じよ、そして自然と関係せよ、ということでした。例えば、当時の旅行者たちが、人間に似ているとしきりに報告していたオラン・ウータンも、もしかしたら人間の一種かもしれないぞ、などということも述べるほどです。ルソーが「憐憫」に、自然と文明、動物と人間の問題の鍵を見ていたことは間違いありません。ただ、ルソーの解釈や思想の理解においては、レヴィ＝ストロースの見解ですべてが片付いたわけではなく、デリダを始めとして、今もなお現代の問題として議論は続いていますが、これ以上の詮索はここでの話題については無用でしょう。

現代のルソー解釈の論争はさておき、ルソーが自然を深く畏敬し、自然と一体になるような自然観察を愛好していたことは、よく知られています。それを、単に当時の博物学趣味の流行のせいだけにすることは、まったくの誤りです。ルソーには、独特の自然との関わりが、きわめて個人的な次元であったと思えるのです。時代の流行のせいにそのすべてを帰することなできません。例えば、彼の植物標本は、現在にも伝わっていますが、驚くほど丁寧に作られています。

ルソーの自然への感性がいかに鋭かったか、その畏敬の念がいかに本物であったか、彼独特のも

図6-3　ディドロ／ダランベール『百科全書』「オランウータン」

図6-4　ルソーの植物標本

の、彼の人格の深いところとつながったものであったかは、こういう標本を見るだけでもわかるような気がします。実際に、『人間不平等起源論』には、動物にも「権利」があるという、古くからの考え方を強調している箇所があるほどです。

……動物は知識の光も自由もないので、法を法として認識できないのは明らかであるが、動物も、感受性が与えられているのだから、それによってわれわれ人間の本性となんらかの点で関わりが生じる。つまり、動物もまた自然権(自然法)に関わらざるをえず、人間は動物に対してなんらかの種類の義務を負っていると、判断することになるからである。じっさい、私が同胞にいかなる害も加えてならないのであれば、それは、同胞が理性を持った存在であるからというよりも、感受性を持った存在であると思われるからなのであり、この特質は動物にも人間にも共通のものであり、動物に無益に虐待されないという権利を与えるものである。(ルソー一九九一、二〇六頁)

ローマ法や自然法の反映をここにみるよりも、やはり、ここはこれまで述べてきたように、動植物や自然へと関係するよう主張するルソーの思想の一端として受け取るべきでしょう。ルソーは、現代風にいうならば、自然とのエコシステムで人間社会の矛盾の克服を試みたといっていいのではないでしょうか。

六　「咳をしてもひとり」、動物のような孤独

ここで現代に目を向けると、レヴィ＝ストロースの努力やルソーの主張にもかかわらず、私たちの世界は、むしろホッブス的な様相を示すといえそうです。個人の関係においてもしかり、経済においても食うか食われるかの競争、国際関係においても戦争の惨禍、ことほどさように人間は他人にとって「オオカミ」であり続けています。本当のオオカミが、森とともに生きる賢い生き物であることを考えると、「オオカミ＝人間」はまったく恥知らずのようにも思えるのです。

だからといって、「人間的」になろう、動物を越えて、普遍をめざす理性と言葉で問題を解決しよう、というスローガンを掲げて、すべてうまくいくというわけでもなさそうなのです。「人間」になろう、動物を克服しようというのは、人間の独りよがり、奢りかもしれません。奢りや思い上がりの行き着く先は、もしかしたら動物よりもさらにたちの悪い動物になることかもしれないからです。理性は計算をも意味します。計算づくで、一番効率よく最大の利潤を得る力、それが理性の一番大きな役割です。利得を最大にするために各個人は、それぞれ知恵を絞りますが、そういうゲームは、結局のところ、各人を「孤独な動物」にすることになるでしょう。それぞれが「孤独な動物」になりきればなりきるほど、「全体」の利潤は最大になるのかもしれません。実は、それこそホッブスのめざしたところでしょう。全員が「孤独な動物」となって、全体の均衡点をめざして

必死にゲームをこなすとき、それをはるかな高みから見下ろして、ゲームを維持していく、〈リヴァイアサン〉という怪物が微笑むのです。

問題なのは、純粋に人間になることではありません。純粋な人間は、純粋な動物に過ぎません。大事なこと、それは、人間でありつつ、動物と深く関係することなのです。人間と動物という異質な物同士が、新しくつながり合うことなのです。それは、ルソーの根本思想と同じですが、しかし、そのつながり方は、ルソーが考えたような「憐憫」によるとは限りません。他にいろいろな通路があるはずなのです。

例えば、文学は、そのような通路の一つです。絵画も音楽もそういうことがあるのですが、ここでは文学を見ておきましょう。フランス一九世紀の小説家にオノレ・ド・バルザック（一七九九―一八五〇年）という人がいます。近代小説の源流ともいえる巨人バルザックですから、おそらくはその小説などを読まれた方もいらっしゃるでしょう。バルザックは、実に多様な人物たちをリアルに、そして縦横無尽に描いたことで、近代社会の「叙事詩」を書いたとも評されることがあります。バルザックの小説中の人物たちは、たいへん精彩があり、まるで本当に生きていたように思えるほどです。実際に、バルザックは「人物回帰」という手法を編み出し、別の作品の登場人物を、他の作品にも登場させて、現実感をますます強めることに成功しました。彼の小説は、まるで一九世紀フランスとパラレルに存在しているような印象を受けますが、それは、多くの小説がネットワークのようにたがいにつながりあい、参照し合っているからかもしれません。このような現実感に溢れた小説世界を築いたバルザックですが、彼は、自らの小説の全体を「人間喜劇」という名で呼んだのです。その全体への「序文」が、ここでは私たちの注意して読むべきものとなっています。ダーウィンの進化論が登場する以前に、バルザックは、人間世界を自然界と関係のあるものとして、また人間を動物に見立てて観察することができると述べています。動物の世界と人間の世界の関係に類似を見出すという、レヴィ＝ストロースのいうトーテミスムの発想そのものが、バルザックに如実に示されているように思えてなりません。これはバルザックに限りません。上で述べたように、イソップから一七世紀のラ・フォンテーヌを通って、バルザックから二〇世紀ドイツ語圏の偉大な作家カフカに至る系譜といえましょう。その影響の延長上に、『我が輩は猫である』の夏目漱石、あるいは、現代日本の超人気作家である村上春樹を考えることができるかもしれません。何せ、『羊をめぐる冒険』などの題名からして明らかなように、村上春樹文学にも、幻想的動物から家畜、日常的なペットに至るまで、実に多種多様な動物が登場するからであります。文学は、こうして人間と動物の密かな、しかし重要な関係を私たちにずっと語り続けていたし、現在も語っているといえそうです。

七　大いなる分割を越えて

動物の重大性が、何も文学に限った話でないこと、これは明らかです。

サブ・カルチャーの領域ですが、日本各地に動物たちのマスコット商品が溢れているのも、動物と文化の問題を示唆するものです。動物を象った商品ばかりか、動物はさまざまな団体や企画のシンボルとなり、「キャラ」として人気を集めます。ちょうどディズニーのミッキーマウスのようにということでしょう、地方の鉄道駅である猫が「駅長」となって人気をあつめたり、滋賀県彦根市のように、着ぐるみの「キャラ」である「ひこにゃん」が爆発的な人気を集めたことなど、主なものだけでも枚挙にいとまがありません。今や、彦根市はひこにゃんの町として、町全体が観光スポット、ディズニーランドならぬ「ひこにゃんランド」と化しているという噂も耳にするではありませんか。動物かどうかは議論の分かれるところかもしれませんが、「ポケモン」もこういった現象の一つに入れることがおそらくできるでしょう。文学や絵画との近接領域である漫画の世界では、これはもう大きなテーマといってもいいかもしれません。

ものはためしです、インターネットを少し検索してみてください。実に多くの若者たちが、自分を動物に擬していること、その映像が投稿されていることに気づかれることでしょう。ポストモダン時代は、動物と切っても切れない関係があるのです。猫を自己イメージにする少女たちは、ごくありふれたものになっています。大島弓子の漫画『綿の国星』の影響なのでしょうか。あるいはもっと別の流れでしょうか。インターネット上には、猫などの姿を真似たセルフ・ポートレート写真が溢れています。

こういった現象は、何を意味しているのでしょうか？　性急に意味づけるのは慎まねばなりません。ただ、こういう現象は、ある人にとっては、社会の幼稚化と思えるかもしれません。しかし、動物を演じる少年少女たちは、それで無邪気に喜んでいるわけではなく、人一倍繊細で、ある面では子どもっぽいかもしれませんが、全体として複雑で、時に深刻な悩みまで抱えているようです。とても「幼稚」という一言で片付けられるものとも思えません。こういう現象を、単純に決めつけるのは、とても危険なことでしょう。ですから、これから述べることも、こういう複雑な事象についての一つの見方に過ぎません。一つ解釈を付け加えるという程度のことで十分だと思えるのです。

こういったサブカルチャー現象に非常に詳しく、その担い手の一人と目されている思想家に、東浩紀という人がいます。彼の書物でも「動物化」という言葉がキーワードになっています。東氏は本格的な現代思想の専門家でもあり、ひどく難解な思想を縦横に読みこなす実力をもった著述家として知られています。彼の難解な論文の一つ「想像界と動物的通路――形式化のデリダ的諸問題」（東　二〇一一）を読むと、動物の問題は、「意味」をめぐる大きな問題、それこそ「人間」の本質ないし限界はどこにあるか、という言語の基層に関わる問題として思考されていることがわかります。この難解な論文を紹介する余裕はないのですが、みなさんが、この論文に直接アタックしてくださることを願いつつ、これまで述べてきた論点と関わる点だけを示して、本日の話を終えたいと思います。

問題は、ルソーのところで触れたのと同じく、動物世界と人間世界の関係はいかにして可能か、また、いかにあるべきかということです。ごく単純化してお話しします。動物だけしかいない状態を考えますと、そこには言葉がありませんから、ルソーの自然状態と同じで、「動物」を「動物として」指示したり、名指したりする存在はおりません。動物は、ただ動物であるわけで、何も動物「として」動き回っているわけではありません。ルソーの場合、人間は、自然状態の中では、まさに「動物として」振る舞い、その振りをしている、鏡のように動物を映していたのだということになりますが、これはすでに述べた通りです。すると動物が「動物」として現れるためには、人間とその言葉がなくてはならないことになります。時間的には、確かに動物が先行しているのですが、後から現れたはずの人間とその言葉がなくては「動物」にはなれません。「動物」という言葉も概念もないからです。つまり後から来る人間が先にいた動物の「原因」とも「条件」ともなっているわけです。これは、不思議なパラドックス(逆説)です。このパラドックスが厄介なのは、単に論理的めまいがするというだけでなく、最初に述べたように、人間が言語によって動物の上に君臨し、好きなように動物を排除し処理できる、という考えと根が同じだからなのです。動物は、人間のおかげで、人間のために、存在する。だから、支配して処理していい、と。

　では、どう考えたらいいのでしょうか？　人間とその使う言葉が、動物より優位に立っていると考えないこと、これはどうしたら可能でしょうか？　動物の世界とよく似た世界を、人間とその言語の世界に作り出すという方法がまず考えられます。動物の世界は、未来も過去もごく限られていて、物語のない世界ですが、人間は言葉によって、あらゆる事物に未来と過去を設定して物語を作ってしまいます。この物語が動物に対して、人間を優位に置くのだとしても、そのような人間的物語を動物的に攪乱することは可能かもしれません。掻き乱し、過去と未来をごちゃごちゃにして、偶然のなすがままにする、そういうアナキーな方法が一つ可能でしょう。実際に、週末ごとに猫に扮して、街角や河原でセルフ・ポートレートを撮り、それをフェイスブックやブログに貼り付ける、そういうことを繰り返している若者たちは、自分が「誰それとして認められている」ということを、やんわりとですが、かき乱していると考えられるでしょう。寂しい反乱ですが、反乱に変わりありません。ただ、この反乱は、蜂起すればするほど孤独になるのですが……。しかしそのような蜂起が、意味と必然性の何らかの「外」、意味の外部、日常の荒野やフロンチアを目指し、主体性とアイデンティティをもたない動物たちを志向することは、むしろよく理解できることに思えるのです。

これ以上説明する時間がなくなってしまいました。残念ですが、仕方ありません。ともかく、私たち人類は、人間同士を「オオカミ」と見るような殺伐とした風景のなかにずっと生を営まざるをえなかったということはおわかりいただけたかと思います。その殺伐とした風景の中で生き延びるために、私たちの祖先はどうしたでしょうか？　生き延びるために、人間の魂を羊飼いのように導く人々を発明したのかもしれません。洋の東西を問わず、魂を導く人々は牧人「司牧者」として、さまざまな権力を手中にします。しかしそういう支配者のような牧人ばかりでしょうか？　他方に、西洋の絵画の伝統で、羊飼いたちが、魂の事件（予言、幻視、受難、目覚めなど）の目撃者として描かれることもあるのではないでしょうか。

イタリアのパドヴァには美しいジョット（一二六七－一三三七年）の絵が多数あります。中でも「ヨアヒムの生涯の情景」というスクロヴェーニ礼拝堂の絵は素晴らしい。ぜひ、同礼拝堂のホームページをご覧下さい。そこでは動物たちと民衆（羊飼い）の近しく調和した、やすらかな関係を暗示されています。イタリアの思想界を代表する哲学者アガンベン（一九四二年生）は、『開かれ』（二〇一二）という見事な書物を書いて、動物と人間が同じ世界に共属していることを詳しく論じています。ただし、そのような動物との共属的な関係であっても、また、動物という「無意味」の存在から凝視される存在としての私たち人間という関係であっても、やはり最後は、「人間」という輪郭が現れてきてしまうように思えます。本当に、動物と人間が、無数の関係を結んで、人間でも動物でもない、新しい何かに変成していかない限り、動物を演じる若者たちの孤独が消えることはないとも思えるのです。ショーヴェ洞窟の「画家（たち）」に、私たちが再び成らない限り、人間と動物のそれぞれの孤独は消えることはないでしょう。こうして重大な問題のとっかかりにたどりついたところですが、今日のところは、話を終えざるをえません。

〈主要参考文献（言及した順番）〉

アリストテレス『政治学』（牛田徳子訳、西洋古典叢書、京都大学学術出版会、二〇〇一年）
ランシエール『不和あるいは了解なき了解――政治の哲学は可能か』（松葉祥一・大森秀臣・藤江成夫訳、インスクリプト、二〇〇五年）
ラ・フォンテーヌ『寓話』（今野一雄訳、岩波文庫、岩波書店、一九七二年）
立木康介編著『精神分析の名著』（中公新書、中央公論新社、二〇一二年）

レヴィ＝ストロース『野生の思考』（大橋保夫訳、みすず書房、一九七二年）
レヴィ＝ストロース『今日のトーテミスム』（中澤紀雄訳、みすずライブラリー、みすず書房、二〇〇〇年）
ホッブス『リヴァイアサン』（水田洋訳、岩波書店、一九九二年）
ルソー『人間不平等起源論』（原好男訳、白水社イデー選書、白水社、一九九一年）
東浩紀『サイバースペースはなぜそう呼ばれるか＋』（河出文庫、河出書房、二〇一一年）
アガンベン『開かれ――人間と動物』（岡田温史・多賀健太郎訳、平凡社ライブラリー、平凡社、二〇一一年）

第七章　博物学者アリストテレスとダーウィン

——目的論的自然観と進化論は両立可能か

千葉　恵

一　ナチュラリスト

「博物学者」と訳される Naturalist と呼ばれる一群の人々がいます。身近なところでも何人かすぐに思い浮かびます。昆虫少年そのままに夏空のもと白い虫取り網を肩にキャンパスを蝶のように舞っていた男子学生がいました。彼はウィトゲンシュタインの授業で例に出てくるカブトムシを黒板に美しく精密に書いてくれました。山岳部で主将を務めた女子学生はサロベツの原野に咲く花々の一つ一つに「いるな」という人間と同じ気配を感じながら通り過ぎるのだそうです。水産学者内村鑑三はアメリカ時代に日本の地図の中に最も人里離れた僻地を探し、山形県小国地方の叶水《かのうみず》を見つけ「日本のチベット」と呼びそこでの農村伝道を異国の空のもと夢見ました。内村の途方もない、しかし永遠の視点から見れば理解できないわけでもないこのロマンある発想に、何人かの学生が呼応し飯豊山の麓を訪ね伝道を試みました。その中で昭和八年に内村の弟子である物理学者鈴木弼美が定住したのでした。彼が創設した全国最小の高校を教頭として生涯支えた桝本忠雄はナチュラリストでした。その日本一広いブナ林のなかで生まれ育った息子桝本潤は「父へ」の詩の中で彼の姿をこう記しています。

小学生の私でもあなたが読んでくれそうな本をなんとなく知っていたのです　一番よく読んでもらった本はファーブル昆虫記でしたね　ハチ、アリ、ツチハンミョウ、サソリそんな昆虫の生態の話が私も貴方も好きでしたね　そのあと、その虫に出合うとなぜか胸がドキドキしたものでした　貴方はアリやツチハンミョウをガラスのケースに飼って　虫の行動をノートに書いていましたね　きっと貴方も、私と同じようにドキドキして虫を見ていたのだと思いますでも貴方は仕事に忙しく　アリが大きすぎるエサを　巣の中に入れられず困っている時も　メスのツチハンミョウが暑さで弱ってフラフラしている時も　見ていませんでしたね　私はそんな時　貴方の記録にそれらが書きつけられない事を　とても残念に思ったものでした　私は図鑑を見てもわからない虫を貴方の所に持って行くのが楽しみでした　貴方は　どんなに忙しくても　名前を調べて下さいましたね　私が、大きな蛾を　オオミズアオかオナガアオかとききに行った時、貴方は虫の生殖器をアルコールで洗い　立体顕微鏡で調べて下さいましたね　でも私は、夜遅く　貴方の応えを待って　貴方の作業を見守っている間に　眠り込んでしまった事を　恥ずかしく思い出します　貴方はそうした天然の観察から　何を観ようとしていたので

しょうか　ある時貴方が　ふと私に言った言葉が忘れられません　「ある人は五分間アリを見て　「ああわかった」と言うけれど　ファーブルは一年間アリを見て「ああふしぎだ」と言うんだよ」([1] p. 622)。

ひとがそこにおいて生活する社会がそして自然ひいてはこの地球と宇宙が豊かなものでなければ、私たちの生は豊かなものになることはありません。山の中で昆虫や動物たちに囲まれて育ったひとびと、自然の精密さと美しさに捕われたナチュラリストたち、彼らには世界がどのように見えているのでしょうか。ああ幸いだ、心の清い者たち。

ここではその二人の偉大な先駆者アリストテレスとダーウィンを取り上げ、彼らの自然観がいかなるものであったのかを解説し、またそれぞれが綿密な観察に基づき導いた目的論的自然観と進化論は両立しうるものかその可能性を探ってみたいと思います。もし彼らが生きていたなら、ＮＨＫの『ダーウィンが来た』等の自然番組をどれほど興味をもって視聴したであろうかと思うことがあります。現代ではハイスピードカメラ等の著しい進歩により、アメツバメがイグアスの滝に突っ込んでゆくその角度から羽の向きに至るまであらゆる動き、姿を正確に捉え、記録することができるようになっています。彼らは外敵を逃れるために滝の内側に巣を作っていたのでした。ナチュラリストの生命《せいめい》は動植物への愛情とそれに基づく精密な観察、そこにともなう驚きとワクワク感です。そしてその驚きの知見は新たな愛を醸成します。自然の精密なる不思議さと美に撃たれるとき、この惑星に生きていることの喜びに胸高鳴ります。アリストテレスは語ります。

「自然によって構成される実体のうち、或るものどもは不生かつ不滅であり永遠であると、他のものどもは生成と消滅を分け持つと私たちは語る。かのものどもについて、栄光と神性あるものであるが、私たちにとってわずかな理論的考察が存在する結果となった。というのも、私たちが知りたいと熱望している当のものどもに関しても、感覚上明らかになることはまったくわずかだからである。他方、消滅しうるものである植物や動物については、私たちがそれらとともに生きているがゆえに、知るための糸口が、ずっと多く与えられている。実際、十分な努力さえおしまなければ、存在するさまざまなものどもの各々の類について多くを把握することができるはずだからである……。

動植物は天体よりも、もっとよく、もっと多く知っているがゆえに、すでに得られている知識の優位さをもち、さらにまた、それらは、私たちにいっそう近く、私たちの自然本性にいっそう固有なものであるがゆえに、神的なものどもについての哲学と見合うだけの何かを、代わりに与えてくれる。……残る仕事は、動物の自然本性について比較的尊いこともあまり尊くないことも、できる限り省略せずに語ることである。というのは、気持ちの悪い諸々の動物でさえも研究に従事すれば、〔天体と〕同様に、それらの動物を作り出した自然本性が、諸々の根拠を知る力をもちかつ生まれつき知を愛する者たちに、並はずれた快さを与えうるからである。

実際、動物の諸々の似像を見て喜ぶのは、似像を作り出した絵画術や彫刻術のような技術を似像と同時に見て取るからであるのに、自然本性によって構成されたものどもの諸原因を見て取る力のある者たちが、それらの研究に、もっと満足しないとすれば、実に不合理で奇妙なことであろうからだ。

それゆえ、あまり尊くない諸々の動物についての探求を子どものように嫌がってはならない。なぜなら、あらゆる自然物には何か驚嘆すべきものが内在しているからである。……すべてのものには自然な善美なる何かがあるということを理解して、とまどうことなく動物の各々の種についての探求へとおもむくべきである。なぜなら、自然の産物（エルゴン）には、しかもとりわけそれらには、たまたまにではなく何かのためにそうなっているということがあり、そのためにそれらが構成されたかあるいは発生したところの目的が善美の場を占めるからである」

（『動物部分論』I 5 644b23-645a31）。

アリストテレスは目的因にこの自然の秩序と精密さの根拠を見そして驚いていたのです。

二　三種類の説明の理論とアリストテレス的可能性

アリストテレスは精密な観察に基づき、自然界は何一つ無駄なことをせず、秩序正しいものであること、そしてその根拠に目的因と呼ばれる善が自然界とりわけ生物を秩序づけていると論じます。これは生存と繁栄という生物の目的が生成の始点となる素材やその発生過程を或る意味において決定しまた制御するというものです。これは機械論的自然観に慣れており、すべては魂なき盲目の必然のメカニスムにより形成されているという私たちの今日的な考え方に著しい緊張をもたらします。しかし、そこにこそ機械と異なる生物の不思議に魅了された者には一縷の望みを抱きます。私は彼の生命観がどれほど説得的なものとして受け止められうるか現代人にチャレンジしてみたいと思います。

私はここで一つの問いを投げかけます。その問いかけとは、ひとは有機体が自らをとりまく環境のなかで、免疫反応に見られますように、自己と非自己を何らかの仕方で識別しつつ、生きているということ、そしその自己というシステム全体は部分の総和としての集積的全体ではなく、諸部分に還元されることのない一なる原理のもとに統合的全体として生きているという考えをもつことができるなら、そのひとはアリストテレスの目的論的生命観に対し一つの現実的な可能性として興味を抱きうるのではないかというものです。さらに、生命事象の物理生理的説明と目的論的説明は単に両立可能であるというだけではなく、生体の諸事象は現実に目的的なものであるという主張を一つの挑戦として掲げてみたいと思います。

科学的説明の思考様式の中には競合する三つの立場があります。それぞれ領域論的思考、対応論的思考そしてここでお話しする質料形相論的思考です。領域論的説明とは、かつて雷発生の理由をゼウスの怒りに求めましたが、科学が進み気象学上の説明が可能となり、その神話的・宗教的説明の機能する領域がせばまり、いつの日にか「機械仕掛けの神（*Deus ex machina*）」を引き合いにする説明は不要なものになるというものです。意識等心的事象の生理的事象への還元など、一般に、他の説明による消去や還元の思考も領域論的なものです。対応論的思考とは例えば、音楽は空気の振動であると同時に心の表現であり、生体内の物質的反応の過程が同時に生命現象である等二つの説明が相克することなく対応するという考えです。また、神学において人間中心的な次元において神の存在への「懐疑」は神中心的な思考によって恩恵を受領することに対する「躊躇」やさらには「侵害行為」に対応するという仕方で説明する場合も、同一のものを上と下等異なる視点、立場から説明する様式で対応関係を明らかにする対応論的説明ということができます。

　これらの思考様式はそれぞれ問題を抱えておりますが、それらを克服するものとして、第三に質料形相論的思考・説明を挙げることができます。これは事物（合成体）が素材（質料）とその形態（形相）から構成されているというアリストテレスの考えであり、これは目的論的思考に直結します。一方で、生成変化の終局で実現される合成体（質料＋形相）における形相への言及なしに質料の分析のみにより説明が遂行され、「質料ゆえに」という仕方で合成体の生起の十分条件を特徴づけますが、他方で、目的因や形相因により当該事物の本質（essence）即ちそのものそれ自体を開示する説明がなされるというものです。そして十分条件の提示は本質の開示とは相対的に独立した営みであり、両立可能ですが、根源的に質料因は形相因および目的因に基礎づけられているという点で対応論的な説明と異なります。何であれ一なる事物には一なる本質が内属し、その開示は機械論的また進化論的説明の仕事ではなくその及ばないものとされます。

科学者は日々原則的に誰にもテスト可能、反証可能な実験環境に身を置いています。この実験的、経験的制約の中で仮説の提示とその検証に従事することは、物理、生理的な次元において理論を構築することであり、アリストテレス的には目的論的説明というものを、つまり事象の本質を特徴づけることを括弧に入れ、事象の生起の十分条件を特徴づけることに従事していると語ることができます。例えば、喜びという心の事象について、ものそれ自体である本質を開示する喜びの目的論的な説明は、例えば「愛しいものとの関わりによる、これこれの生理的変化を媒介にする感情」であるとしましょう。生理学者は、愛しいものという価値に関わることなく、脳内の神経伝達物質の分析を介して、「この電気的信号や分泌物がこれだけ生起するとき、常に喜びが生じる」という仕方で喜びの十分条件を特徴づけています。

日々の営みをこのようにまとめてしまうことの不安の中で、今、大それたアドヴァルーンを挙げましたが、ここではアリストテレスの議論の一部をかいつまんでお話しすることしかできません。実は、アリストテレス研究の喜びはこの人類が生み出した最上質の頭脳の明晰緻密なそして力強い議論の展開がテクストに隠されてあり、というか実は明白なのですが言語と時空のまがきとこちらの頭脳の不明さにより隠されていると思われるだけなのですが、そのまがきを超えて掴みえたときの、なるほどこれしかない、これ以上には語りえないという確かな感覚にあります。テクストの精密さと着実な思考の前進をここで十分にお伝えできないことを残念に思います。

三　ネオダーウィニズム

進化生物学

ここでは比較の対象ないし、対立軸として念頭にある生物理論は進化論と遺伝理論を統合したネオダーウィニズムです。アリストテレスが考察し、その後彼の哲学の枠の中で展開された魂、生命、意識、自己等生命現象の諸基本的な概念は今日現代生物学において改めて吟味検証され、認知心理学者K・スタノヴィッチの言葉を借りれば「根本から再構築されつつある」のです（［2］p. xi）。その発端であるダーウィンの自然選択説を簡単におさらいしましょう。ダーウィンの進化論は、物理学におけるニュートンの革新に比較される、生物学における大きな展開であり、細胞学とともに生物学の基礎理論となりました。二〇世紀の生物学はもっぱら「進化生物学」であったといわれます。ただ、そのダーウィン自身は「リンネやキュヴィエは私の偉大な教師だが、彼らは老アリストテレスに比べると単に小学校の生徒にすぎない（mere school boys）」と印象的に語っています。ここでは、そのアリストテレスの目的論とネオダーウィニズムの総合進化論とを、単純化された形においてですが、ガチンコさせてみることにより、双方の関係はそれぞれ異なる領域をもつが、考察対象の重なるところでは両立可能であり相補的なものであることをその思考の方向において明らかにしたいと思います。

自然選択

生物の進化に関しダーウィンは自然選択説を提唱します。彼の変異進化論は基本的に個体間の差異がたまたま生育条件や環境との関係で一方に有利であるなら、そちらが生存のチャンスと複製のチャンスを多くもつという考えであり、そこには一見何ら目的的な要素を見ることができず、生存競争と適者生存という無味乾燥とでもいうべき現実の厳しさを表現しています。ダーウィンは言います。「ある種の個体に生じた変異が、他の生物との間やそれ自身の生息条件との間に生じる際限なく複雑な関係の中で、その個体にとって少しでも有利であれば、その変異は当の個体を残す方向に働くことになるだろうし、ふつうは子孫にも受け継がれていくだろう。……変異は軽微なものであっても個体にとって有利であれば残っていくというこの原理を、人間が行なう選択と区別するために「自然選択」と呼ぶことにした。しかし、イギリスの哲学者で進化哲学を説くハーバート・スペンサー氏がよく用いている「最適者生存」という言い方のほうが正確であり、ときには「自然選択」に劣らぬ重宝な表現である」([3] ch. 3)。

彼のこの基本的な発見はこうも説明されます。「自然選択というのは、ある生物に生じた変異がその生物の置かれている生育条件のもとでその生物にとって有利であれば、その変異は残るという意味でしかない」(ch. 4)。なお彼は「自然選択は唯一の変化とまではいわないが、最も重要な手段であったとも確信している」（［3］Introduction）と述べていますが、自然選択が進化の主要な要因であることと同時に他の要因も認めています。例えば、彼はラマルクの用不用説に賛同し、またクジャクの羽のような非実用的な動物の特徴を説明する性選択説に与することもあり、多元主義者（pluralist）でありました。これは、アリストテレスがあらゆる自然事象を目的論的であると主張していたわけではなく、地水火風の根源物質は熱冷乾湿のもと非目的的にそれら自身の力を発揮しており、その与件の上で生物は例えば土質の過剰分を防衛のために角や牙にするという仕方で目的因が働くとしていることに対応しております。多元主義は生物の多様さに対する精密な眼差しに基づくものであり、あらゆる事象を一つの原理のもとに説明することをしているわけではありません。さまざまな立場の論争の嵐の中で、自然選択の基本線の上に進化生物学は進展してきました。

有機体即生存機械とロボットの反逆

スタノヴィッチはいいます。「「普遍的ダーウィニズム」の驚愕すべき論点のひとつは、人間が二種類の複製子（遺伝子とミーム（文化的情報の単位））の宿主であり、しかも、この二種類の複製子が人間に対して、自己複製のパイプ役以外に何の関心を持たない、ということである。Rドーキンスは二〇世紀の生物学の新発見を総括するなかで、ヒトとしての私たちは所持している遺伝子のための生存機械にすぎないと指摘して、私たちを茫然とさせた」（［2］p. xii）。この人目を引く言い回しからの揺り戻しとして、近年はまた人目を引く言い回しで「ロボットの反逆」が提唱されています。その反逆とは端的にいえば、生命体であるヒトは複製子の利益に対立するような利益を目指しうるものであるということです。ただ、人目を引くといっても人間は常に葛藤と反逆の歴史を刻んでおり、二千年前の人間の行動と現代人の行動はさしてかわらず、人目を引く言い回しとは探求対象の変化に基づくものではなく、むしろ表現の過激さのみにより、実質は古代の諸説の一ヴァリエーションであることは後にエンペドクレス説において確認することになりましょう。

ともあれわれわれロボットの反逆は進化生物学的にどのように説明されるのでしょうか。ドーキンス自身の言葉を借りれば、「意識とは、実行上の決定権をもつ生存機械が、究極的な主人である遺伝子から解放されるという進化傾向の極致(a culmination)だと考えうる」というものでしょう(［4］p. 59)。遺伝子の指令のもとでの神経系の発達の中で脳がしだいに実際の方針決定をも引き受けるようになったとされます。この傾向がすすめば、ドーキンスの予言では「遺伝子が生存機械にたった一つの総合的な方針を指令するようになるであろう。つまり、われわれを生かしておくのに最もよいと思うことを何でもやれ、という命令を下すようになるであろう」(［4］p. 59)というものです。ここには「最もよい」という価値への言及が見られます。しかし、目的論的記述は分かりやすさの説明として方便という位置づけしか与えられません。

進化の過程において脳の自由度が増すその傾向性の中で、遺伝子と生体の関係は木星探査機に比せられます。光の速度が無視できない距離にある火星、木星に向かうＮＡＳＡの探査機は、飛行距離が指令と適切な動作の猶予時間を上回ったために、地上から直接的な制御ができず、自己操縦するしかなくなった状況が出来しました。CD・デネットの伝えるこの話は遺伝子による生体の直接的な制御と脳の神経系による間接的な制御の比喩を提供しています。直接的な「ショートリーシュ（短い引き綱）」と呼ばれる直接制御方式を捨て、より柔軟な知能と一般的な目的を与える「ロングリーシュ」型の自由度の高い制御方式に転換した進化の過程をもとに、近年の認知科学者たちはロングリーシュ型の目的をもつ生命体の新たな理解を構築しています。

二種類の引き綱の関係をめぐり、認知機能の二重過程（dual process）がいくつも提案されています。スタノヴィッチは脳のハードウエアに比較される自律的システムセット（The Autonomous Set of Systems TASS）と、ソフトウエアに比較される分析的処理システムを提案しています。これは人間にたやすいことは、コンピュータには難しくまたその逆も真であるという状況に対応します。スタノヴィッチはいいます。「TASSのアウトプットと分析的システムが対立するのは、柔軟な分析的プロセスが、TASSが先行させる反応の目指す目的より包括的な目的を検知した場合であることが多い。TASSは進化上古い構造で構成されており、そうした構造は遺伝子の目的（再生産の成功）に直接的に結びついている。一方、分析的システム―より新しく進化した脳機能―の目的構造はTASSより柔軟で、より広範な社会環境に即した目的と、TASSの領域特異的でショートリーシュ型の目的を、物事の進行に応じつつ整合させようとする」（［2］p. 89）。このように、ロボットの反逆が語られます。ここでも分析的システムは「包括的な目的を検知する」ものと語られ、目的的な言語が幅をきかせていますが、これは確率や頻度からなる定量的な言語に翻訳されねばならないのでしょう。

これら現代科学の成果に古典研究者である私はただ畏敬の念をもち、学習することができるだけです。もちろん哲学者として生物学者たちの言語使用に関しての曖昧さや彼らの気づいていない前提を指摘するという仕方で貢献することはできるかもしれません。とりわけ、生物学者は生物を擬人化し目的的に説明することを厭わず、気にとめないようにみえます。例えば、蜂の一個体が、遺伝的につながっている女王蜂を保護するために自らの針を失い、死に至り自己を犠牲にする場合があると語られます。生物の活動を擬人化した比喩的な表現は実は非目的的な言語で次のように定量的にそして確率や頻度により言い換えることができ、またそれが正確であるといわれます。「行動xの頻度を増大させる遺伝子は、行動xを増大させるような行動をしないライバル対立遺伝子に比べて、母集団内の存在頻度が増大するであろう」。実際に目的的に行動するわけではなく、埋め込まれたプログラムにより直接的また間接的な操作のもとに従っているだけなのでもありましょう。ただし「埋め込まれたプログラム」というこの表現自体は目的因を排除するものではないことに注意が必要です。生存と繁栄のためにプログラムされていることを否定できないからです。

ともあれ現代科学が明らかにしたところによれば、私たち人間は一個一〇ミクロンの細胞にエンサイクロペディアが三度も書き込めるほどの情報容量をもち、それを七〇兆個も備えており、その精密な生体は何らかの仕方で三〇億年以上かけて形成されてきました。その生成の様式が、盲目の時計職人によって、例えば潮の満ち引きが長い歳月をかけて滑らかな砂浜をつくる、そのような一段階選択(the single step selection)と、例えば篩の網が次第に細かくなっていく比喩に比せられる、異なる確率を含むランダムではない累積的選択(the accumulated selection)を経て、今あるようになったという理解は現在広く受け入れられていると思われます。そこには目的論の入る余地はないように見受けられます。

ネオダーウィニズムによれば生命の基礎にあるのは分子の組み立てのプログラムです。そしてそのプログラムについて、ドーキンスは「生物は確かにうち震え、脈動し、鼓動し、そして「生きている」ぬくもりにほてっているかもしれないが、そうした特性はすべて付随的に現れたものである。生きるものすべての中核に存在するのは、炎でも、熱い息吹でも「生気」でもない。それは、情報であり、言葉であり、指令である。隠喩をお望みなら、鉱石板に刻み込まれた一兆個のデジタル記号を想像して欲しい」と語ります([5] P. 112)。もちろん哲学者たちは意識や生きているという特性が「付随的に現れた」とされる表現についてより厳密な規定を求めるでしょう。その基本的な主張は心身論の数ある立場の中で単に随伴現象説(*epiphenomenalism*)に位置づけられるだけでありましょう。遺伝子に含まれるこの「情報」という概念が生物学を物理学から判別させています。「情報」の理論は「ロゴス」としてすでに展開されていたといえます。私は「ロゴス」を概して「説明言表」と訳しますが、これは、言語のもつ不可避的な二義性のゆえに、ひとの側からの言表とそれにより言い表わされる対応する実在双方を意味しています。

今日に至るこのたゆまぬ知識の蓄積に対して、アリストテレスは喜びつつも、それが魂への言及を抜きに、脳の物理生理的記述に従事しており、人間や生物の包括的な理解を提示してはいないと主張するでありましょう。彼は植物の根と茎が上下に引き裂かれない理由を説明します。「自然により合成されるすべてのものにはその大きさおよび成長の限界と比がある。これらは火ではなく魂に属し、質料よりもロゴスに属する」(『魂論』416a15)。魂についてここで語れませんが、ここでは完成態においてあるということと、生命体においては階層があり栄養魂を基礎に感覚魂、理性魂などがあるということ、そして「身体もまた或る意味で魂のためにある」(645b19)ということだけを確認しておきます。現代人は魂と心的事象(意識)に存在論的優先性を認めうるのは、人間を包括的に理解できた時代に生きた者の幸いだ、しかしそれは無知な時代の「幸いなる誤謬だ」というのでしょうか。

四　共約性と優越性

自然法則の数と種類

この幸いなる誤謬の主張に反論できるか心もとないのですが、アリストテレスの生物事象をめぐる目的論的な理解が進化論の基礎にある唯物論的、機械論的説明と興味深い仕方で両立、共存することを、そして彼のものはより包括的であることを論じたいと思います。生物学的諸事象はアリストテレスの哲学的思索の鍵となる豊かな情報を提供し多くのインスピレイションを授けました。生物の有機体全体ないし部分の働きや発生から生長のプロセスの観察は、生物事象に関する目的論的説明の科学的説明としての妥当性と有効性を、さらには目的因が真性な自然学的根拠であることを確信させました。それはとりも直さず先行自然哲学者たちの機械論的ないし唯物論的自然観との対話と対峙を余儀なくさせています。

目的因が第一の自然であるとする『自然学』II８の議論を紹介します。その上で、生物事象における目的論的説明と必然性による説明の両立性、共存性を要約的にですが『自然学』II９における「条件的必然性」と「端的必然性」をめぐる議論により基礎づけます。

アリストテレスの自然研究に対する基本的な立場は「われわれは、観察するところに基づいて、自然はいかなる場合にも可能な限り、失敗したり無駄なことをしたりすることはないと仮定する」に見て取れます（『動物発生論』788b20–23, cf. 741b4）。彼は「自然」について、「それが第一に自体的に、つまり付帯的にではなく属するものにおける動くことと静止することの原理でありかつ根拠である」と、つまり静止がありまた何か変化があるところ、それを司る自体的な内的原理、根拠として自然を理解しています（192b20）。そしてその自然とは形相と質料という事物の二つの内在的な根拠です。また「自然はまず第一に心臓から出る二本の血管を設計した（*hypegrapsen*）」（740a28）といわれるように、形相としての自然は素材のロゴスとして設計主体として描かれることがあります。

ダーウィンも自然を主語に立て例えば「自然の業が人工の業よりはるかにすぐれているように、自然選択というものも人間の微力などではとても太刀打ちできない力である」（ch. 3）といいます。

ダーウィンは自然の擬人化についてこう解説しています。「「自然」という言葉はつい擬人化して使われてしまうものだが、私の言う「自然」は、多くの自然の法則がもたらす総合的な作用とその結果を意味しているにすぎず、法則という言葉は、われわれが実際に確かめられる一連の事象という意味にすぎない」(ch. 4)。アリストテレスもこの見解に同意するでありましょう。ただ、問題はその法則がどれだけあるのか、またとりわけ目的因はどのように機能しているのかを明らかにすることです。

アリストテレスはその法則性を或る文脈では最も一般的に「基体(質料)」と「ロゴス(形相)」を自然の二原理として、また事象を前提にする文脈においてはその事象の根拠として四原因を提示しています。「基体」は現代の原子レヴェルの根源物質に相当する地水火風の四元素という「転化の生来の衝動」をもつ物質であり、「ロゴス」はその物質に秩序をもたらす法則として物質に還元されない「形相」と呼ばれる実在です(『自然学』192b18f)。二つの原理である基体(質料)とロゴス(形相)は自然として、一方、そのもとにあらゆるものが築かれるボトムアップな生成の原理であり、他方、前者に形態を与えるものとしてトップダウンの秩序づけをなす存在の原理です。基体とロゴスの関係の様式こそ探求の対象になります。他方、根拠は事物を前提にして、それが「何ゆえにあるか」を説明することのできる近接的な原因のことであり、それは四つあるとされます。「質料因」と「始動因」は生成の原因・根拠であり、「形相因」と「目的因」はそれ自身として生成消滅過程を経ることなく、完成態においてのみある有機体・合成体(F/M)の生成および存在の原因・根拠です。

最初に質料因と始動因について解説します。ボトムアップの視点から自然によるものを捉えようとするとき、質料因と始動因が挙げられます。手や顔等の異質部分のそれであれ、そのもとにある骨や繊維、毛髪、血液また肉等の等質部分のそれであれ、これらは根元的な生成の始点である根元質料つまり四元素の混合からだけ構成されています。「等質部分は諸元素からなり、さらにこの等質部分を質料として、そこから自然のすべての作品が生じる」（『気象論』389b27–29, 646a8ff）。自然による存在物のすべてに質料は基体として内在しています。これら元素には冷と湿をその本性的力とする土が下方に向かうような転化の生来の衝動を自らもちます。四元素の本性的な力である熱冷乾湿、さらにはその混合からなる重さ、軽さ、密、粗、滑らかさ等がその本性により必然的な転化を司ります（646a8ff）。彼は自然学者たちから「原理が、火や水等は物体（*sōma*）であるから、物体的なものであることを学んだ」としています（987a4f）。他方、自然学者たちは愛と憎、理性等がそこから事物を動かす始動因であると述べたとされますが、彼らは「質料因と始動因しか知らずしかも両者を区別せず」（778b8–9）に「質料の意味での根拠のみをすべての事物の原理」（983b7f）と考えたと位置づけられます。彼らは愛憎そして理性という魂の機能を明確に素材と関係づけることができずに、結局物質的な仕方で生成を説明したのでした。始動因と質料因が判別されることなく一つの根拠として提示した彼らの見解はアリストテレスには「あらゆる存在の自然を生み出すには不十分」だと思われました（642a26）。

ここで「質料因」と「始動因」をセットで「必然因」と呼ぶことにします。彼が始動因と質料因をセットにして論じる時は、自然物の生成の根拠を能動性と受動性の間でやりとりされる物理的な力の移行として、実体を開示する説明言表のレベルとは独立に物理的レベルでその法則に基づく物理的記述による解明を求めていると思われます。「或る場合には動物の実体の説明言表(ロゴス)とは何の関係もなく、むしろこれらが必然的に生じるものと考え、その根拠を質料因と始動因に戻さねばならない」といわれます(778a35–b1)。

このように、アリストテレスはあらゆる自然事象が目的的であるとは考えてはいません。「形相(因)(*eidos*)」は「本質のロゴス(説明言表)」(1013a12)また「ロゴスに即した実体」(412b10)として、合成体の一性を開示する説明言表の形成を通じて明らかにされるものであり、質料に一なる形態をトップダウンの様式において与え、秩序をもたらす存在の原理です。その一事例は「一オクターブの二対一の比(*logos*)」ですが、空気の振動が質料部分であり、その1：2の比が形相です。この比をもつ弦をならすとき、その振動が調和音をかなでますが、その振動に形を与えるものが生成消滅過程を経ることのない1：2のロゴスです。調和音が減衰するのは質料である空気の拡散の故に比を受容できなくなるからであり、その比例が変化するわけではありません。形相は質料諸部分に統一を与えるものであるがゆえに「統一的全体」であり、生成次元上において時空の存在者における全体の「形態」、「型」において確認されるものであります。

アリストテレスの形相はプラトンのイデア(*eidos*＝*idea*)のように離存的なものであることが否定されます。イデアは存在してもかまわないが、事物の生成を説明する力は何もないとされます。質料と形相の関係の様式こそ探求の対象になります。形相は合成体の完成態においてあり、質料はその力能態においてあり、それらは「説明言表上」区別はされるが、「大きさにおいて」つまり三次元上分離はされないそのような関係においてあります(cf. 432a20)。その非分離性とは、例えば、名前「ヒト」は合成体ヒトとその形相である魂を完成態においてあるものとして同時に指示するそのようなもののことです。合成体(質料＋形相)と形相はともに完成態においてあるため、合成体の名前「一オクターブ」は合成体「空気の振動における比」とその形相「1：2」双方を同時に指示します。四つの塩基配列からなる二重螺旋は合成体ですが、「DNA」はその合成体と同時にロゴスにより開示される形相としての情報をも指示すると、少し乱暴ですが、理解することができます。

「ヒトがヒトを生む」秩序ある複製機構は「最も自然的なこと」(415a26)とされますが、完成態(eg. 成人)においてあるもののロゴスが受精卵(eg. 始動因＝精子と質料因＝卵子の合着)に力能態において伝達される限り、そのロゴスは成体に至るまで発生をコントロールするといえます(1014b16)。彼においては存在(eg. 鶏)が生成(eg. 卵)にロゴス上先行します。質料と形相両者の関係は脳のハードとソフト等の関係に何らか引き継がれています。

最後に、「目的因」は生成変化の「ゴール(完結・終局)」であり、それは他のものがそれのためにあると語られるそれつまり「目的・[何かが]それのためのそれ(トフーヘネカ)」として限定されます。「ゴール(テロス)」と「目的(トフーヘネカ)」には時空上観察により特定できるものとロゴスにおいて特定されるものという概念上の差異があります。テロス(ゴール)の存在は目的の存在の少なくとも必要条件を構成します。雨や氷結は自らの力というより気温の変化等外的環境の変化による循環的な自然現象であり、ゴールがあるとはいえませんので、目的的であることが否定されます。テロスがあっても偶然や自己偶発により生起するものは、たとえ何らかの目的に適ったとしてもその目的性は否定されます。例えば、馬がひとりでに[偶発的に]戻ってくる場合がそうです。散歩しても「空腹」が実現されないとき「無駄に散歩した」といわれますが、この「無駄(*matên*)」が「自己偶発(*automatên*)」という語を構成しています(197b25)。「自然は何も無駄に作らない」は自然理解の彼の一つの標語です。恒常的な継起の連続性に善いゴールのあるものが目的因の語られる基本的な場となります。

ダーウィニズムの先駆としてのエンペドクレス説

しかし、問いは必然因からの必然的な帰結、産出物についてでは同意できても、その結果が善いということは偶然的なことであり、内的な関係にないという対立する見解がありえます。生物にとって生存と繁栄が客観的に判別できる善であるとして、それは恒常的な継起の終局とあたかも目的的であるかのごとくに生起したとしても内的な関係にないという主張です。それに対し、テロス(産出物)とトフーヘネカ(その目的)が生成次元とロゴス次元の関係として離れないものとして理解することが彼の目的論的自然理解に決定的なこととなります。

論敵はいいます。「自然における諸部分、例えば歯に関して、一方、前歯は必然的に尖り、噛み切るのに便利であり、他方、臼歯は必然的に平たくなり、食物を嚙むのに役立つが、そのためにそれらが生成したのではなく、それは偶々はまりあったのである。何かのためにということが属しているように思われる限りの、他の諸部分についても同様である。かくして、あたかも何かのために生じたかのごとくに、そのようにすべてのことは偶々起こったのであり、或るものどもは、自己偶発的に適切に結合され生存したのであり、他のそうでない限りのものは、ちょうどエンペドクレスが人面の牛の子について語っているように、滅びたし滅びているのである」(198b10-32)。

興味深いことにダーウィンはこの箇所を『種の起源』において引用していますが、このアリストテレスの論敵の見解を彼のものと誤解した上で、次のように述べます。「われらはここで前触れとしてほのめかされている(shadowed forth)自然選択の原理を見るが、しかしアリストテレスがいかにわずかにしかこの原理を十全には把握していなかったかが歯の形成の記述に示されている」([3] p. xix)。このダーウィンにより自然選択の影を映し出したとお墨付きを与えられたエンペドクレス等自然学者たちの見解は、四元素の必然的な運動により自然物は生成しており、適者として生存するのも、また不適応により滅びるのも偶然的なことであり、自然に何か内在的な目的があり、そして生成と存在をコントロールしているわけではないというものです。彼らの議論を再構成し、さらに偶然の議論を参考にして彼らの立場を明白なものにしてみましょう。

(一)　自然な事物、事象は、四元素を構成する熱冷乾湿の本性的な運動の帰結として、必然的に存在しまた生成する(根本主張)。

(二)　自然事象である雨は、上昇、冷化そして水化という、気象上の物理化学現象によって必然的に生じる((一)の例化)。

(三)　雨はゼウスが穀物を成長させるために降らすのではない。穀物の成長という善そしてその腐敗という悪は、或る環境のもとで、偶々雨降りに付帯しただけである((二)の帰結)。

(四)　生命現象である動物の部分に関しても同様である。前歯が尖っていて嚙みきるのに適し、臼歯が広く食物を嚙むのに役立つが、この有益性は必然因によって育った歯に偶々合致しただけである((一)の例化)。

(五)　すべてが、あたかも何かのために生じたかのように帰結した場合には、それらは偶然に適合的に合成され、生存したのである。さもなければ人面の牛の子のように、偶然に滅亡したのである((一)―(四)の結論)。

この一連の議論において、結論として導出される(五)は目的因が自然には存在しないことを主張しています。根本主張である(一)に基づき、目的因が存在しないことの証明を企てています。論敵に対する反論を吟味する前に、最初に準備作業として、外的環境に適応した適者が生存するという自然選択の思考に慣れた私たちにとって、アリストテレスがどのように応答するかを確認しておきましょう。自然学者たちの自然理解は、偶然的な帰結とされる善ないし目的を自然から、あるいは少なくとも自然の探究の対象から一切排除します。生存と繁栄は外的な環境との偶然的な関係に依存し、外的な環境が変われば、従来生存してきた生物は滅亡するため、根拠と結果の安定した関係を目的因をめぐって形成することはできません。それゆえに、秩序の根拠としての目的因は自然の考察から排除されます。アリストテレスの見解はこの点において自然学者たちと鋭い対立的な関係に立ちます。探究対象の自然そのものの中に彼らが理解する特徴をもった目的因が入る余地ははじめからなく、アリストテレスの理解におけるボトムアップにより記述される限りのものが自然の事物、事象ということになります。

生物の形態はその生存に対し偶然的か

ここでアリストテレスと自然学者の偶然理解がいかなるものであるかを確認しましょう。自然学者たちの自然理解は、偶然的な帰結とされる善ないし目的を自然から、あるいは少なくとも自然の探究の対象から一切排除します。生存と繁栄は外的な環境との偶然的な関係に依存しており、外的な環境が変わり、例えば食物がすべて流動食になれば、歯形の異なりに適切性、善を語ることはできなくなります。外的な環境は不定なため、根拠と結果の安定した関係を目的因をめぐって形成することはできないという主張です。

先行自然学者は形態と善は偶然的なものとしますが、先人たちは偶然を明確に規定せず、その考慮のなさは、アリストテレスは「驚くべきこと」でした(196a19)。「過去の賢人たちが生成と消滅についての根拠を語る際に、誰も偶然について何も規定することをしなかった」(196a8-10)。彼には「多くのもの」が偶然や自己偶発から生じると思われたからです。彼は偶然の理解を、根拠と結果には自体的な連関にあるものと、付帯的なものがあり、自体的連関は「一定」であるのに対し、付帯的な連関はその特定が「不定」であるという視点から試みます。偶然は付帯的な連関を形成するが、それが不定であるのは、「無限が一つのことに随伴しうるからである」(196b27-29)。例えば、寄り道してとか、予定より数分後に家を出て、アゴラに行くと、偶然負債者に出会い、借金を取り戻した場合に見られるように、寄り道や予定より遅れるという偶然的な原因は不定であり、何かのために行為したり、生じたことではありません。この偶然性理解には先の自然学者たちも同意するでしょう。というのも、彼らは、実質的には、善としての生存は無限に変異可能な外的環境に依存するために不定であると主張しているからです。自然と生存がこのような外的関係にあるとすれば、彼らにとって自然を理解することは偶然的に生存しているものの、必然的な生成プロセスをたどること以上のものではないことになります。

それへの反論として、アリストテレスは、さしあたり、善くあることが恒常的である場合には、偶然に帰すことができないとしますが、反論の成否はゴール(テロス・完結)と目的(トフーヘネカ)が自然における生成次元とロゴス次元双方の関係として離れない内的なものとして理解することができるかにかかっています。彼は「ロゴスとゴールとしての目的(トフーヘネカ)は同一である」(715a8)と言います。生成次元のゴールにおいてその事物の目的としてのロゴスが知られます。その含意は完成態がもつ合成体の形態には目的適合的な理由が内在しているということです。生成の最後に現実化される形態は生存のために得られたのだということです。

一例挙げれば、「眼」と「見るため」は内的、自体的な関係です。「網膜に像を結ぶこと」という機能がなぜ「眼」に属するかと問われれば、機能は第一義には合成体に属しますので、「それは眼がやわらかく湿った透明な球体だから」とその素材とともに形態への言及により応答されます。さらに、「なぜ像を結ぶことがその球体に属するか」の問いには「見るため」という目的因がその機能の合成体への必然的な帰属を説明します。結果として見ることが生起しますが、眼がその結果をもたらすのは光の屈折により像を結ぶ等一連の生理的事象を一つのものにしている形態に内在する事象の一性を説明する根拠によります。質料(角膜や硝子体等)を統一し合成体(眼)に機能を遂行させるものは目的因であり、目的因は、事実上、説明言表上本質(自体的な一であること)を開示する形相因として質料因から分節されます。このような形態をしていることは見ることに言及することなしには説明できません。アリストテレスの生命観はこの秩序ある形態をもつことそれ自身に目的である善が帰属しているという主張と理解することができます。

彼は合成体のもつ形態と目的の間に内的関係を見ますが、その背後には、或る安定した外的環境を想定していることを確認できます。ダーウィンは進化を歴史的事実の系列として長い地質学的な時間において考慮していたため、適応は傾向性解釈としてであれ歴史への言及を要求するでしょう。アリストテレスは「ヒトがヒトを生む」複製機構の秩序正しさの遺伝的な安定性を説明することを一つの目標としていました。したがいまして、両者は同一事象（種）を異なるタイムスパンで、異なる要因のもとに見ていたということになると思われます。R・マスターズのように「アリストテレスによるエンペドクレス生物学を拒否する理由は系統発生論のうちにではなく、個体発生論のうちにある、そして理論のうちにではなく、観察のうちにある」といいうるでしょう（［6］p. 288）。

共約性の鍵としての「何も妨げるものがなければ……」

アリストテレスは秩序正しい生成過程をたどるとするさいに、しばしば「何かが妨げるのでなければ」という限定を付します。この「何か」は適応を妨げる、さまざまな内的および外的環境の要因を念頭に置いていたと思われます。この言及は私には進化論との共存可能性を示唆するように思えます。この見解に対する反論として、この「妨げ」とは類型上（typological）の妨げつまり奇形の説明が主であり、歴史上のそれではないというものが挙げられます。しかし、これは暗黙のうちにアリストテレスは種の永遠性にコミットしていたという前提のもとでの反論です。確かに、ダーウィンが得ることのできた同様の気候であっても異なる環境における異なる種の形態、発達の知見を観察の場が地中海世界に限られていたアリストテレスにはアクセスできませんでした。隔絶された孤島で独自な進化を遂げた類似の生物を観察することはできませんでした。観察対象の多様性へのアクセスなしに進化論に導かれることはなかったという時代的な制約は確かにあったでしょう。しかし、アリストテレスの種のなかでのまた種の間での小さなそして連続的な変化についての次の観察は単にタイプ内での変異に限定されないように思われます。長いタイムスパンにおいては今ある複製機構の秩序正しさを保証しえないことを認めていたのではないかと思えます。彼はいいます。

　或る動物はヒトに対し、またヒトは多くの動物に対してより一層多いかより少ないかということによって程度の差で異なっている。というのも、これらの或るものどもはヒトに一層多く内属しており、或るものどもは別の動物たちに一層多く内属しているからである。他の動物はヒトに対し類比的に異なる。というのも、ヒトにはかたや技術、知恵そして理解力が備わり、そのように動物の或るものどもには何か他のそのような自然的力能が備わっているからである。ヒトの幼年期にこのようなものを観察する者たちには最も明らかである。というのも、幼児には将来習性となるであろうもののうちにその形跡や胚胎のようなものを見ることができるからである、この時期はいわば彼らの魂は野獣の魂と何も変わらないものではあるけれども。それ故に、人間と動物に関し、或るものどもは互いに同じものであり、他のものは似ておりまた、他のものは類比的であるといっても不条理なことではない。

　このように、自然は魂なきもの〔無生物〕から動物へとわずかずつ移行しており、従って、正確な境界線を引くことは不可能であり、連続性によりそれらの中間がどちらに属するか気づかれないのである。かくして、魂なきものの次に植物がくる、そして植物のうち見かけの生命の分与の総量に即して一種は別の種とは異なっている。一言で言えば、植物の全体の類は、それは動物と比べて生命を欠いているが、他の有形のものどもと比べて生命をそなえられている。まことに、語って来たように、植物には動物への連続的な上昇の計りがある。そのように、海の生き物においては、果たしてそれらが動物であるのか生え育つものであるのかを誰であれ決定しようとしてもアポリアに陥ってしまうであろう。例えば、これらの或るものは根づいているものであり、もし離されると死んでしまう。こうしてタイラギは特定の場所に根づくそして貝類〔マテガイ〕はその穴から離脱すると生存できない。まことに、一般的にいって、殻皮類全体は、もしそれらが移動することのできる動物たちと比較されるなら、生え育つものと類似性を持っている(『動物誌』588a25–b17)。

確かにアリストテレスにおいては時代的な制約から観察対象は地中海世界に限られていたため、進化論を唱えるに至らなかったのですが、たとえ長期的には進化論に同意したとしても、彼の大きな関心は「最も自然的なことがら」とみなした生物の複製機構の秩序正しさを説明することにありました。それゆえにこそワトソンとクリックは彼らが二重螺旋の発見によりノーベル賞を授与されたとき、「アリストテレスにこそ授与されるべき」と語ったのだと思います。何も妨げるものがなければ、人間は人間を生み続けているでありましょう。以上で進化論との関係を概観したことにいたします。

五　目的因の存在証明

テロス（ゴール）とトフーヘネカ（目的）

アリストテレスは自然が内在的で自体的な運動と静止の原理や根拠であると規定し、それを満たすものとして質料と形相を挙げていました（『自然学』192b21f）。当時の自然学者たちは自然が目的と外的な関係しかもたず、生存と繁栄を自然の事象から排除するが、もし目的因が質料の中に偶然的にではなく、自体的に内在し、他方、質料が生存している生物に自体的に内在しているならば、事情は異なってきます。自体的連関の要請は根拠と結果ないし生存の個別化を明瞭なものとする企てです。解決すべき問題は、秩序ある一つの可知性を持った根拠と結果の連関を自然物の生存と繁栄に見出すことができるかどうかです。

そこから恒常的な生成過程のあるところ、もし偶然か目的因のいずれかによって生成するということが前提にされるなら、それは偶然によるものでなく、目的因によると主張することができます。恒常的な過程からいきなり目的因の弁証をしようとしているわけではありませんが、少なくとも或る形態、形質が生存と繁栄に適しており実際安定的にその形質が複製されているなら、その恒常性の根拠として目的因を提示できると彼は考えています。

アリストテレスは目的因の存在証明を『自然学』II８において二つ提示しています。最初に、目的論的であることがはっきりしている行為主体モデル（Agency Model）との比較により、自然によるものの目的論的な性格が鮮明にされていきます。散歩という行為に対し、「なぜ散歩するのか」と問えば、「健康のため」と答えるでしょう。健康でありたいという意図が身体の運動を引き起こしています。しかし、生体の事象例えば「なぜ睫毛はあるか」という問いに対し、「目を守るため」という正しい応答において、意図を見出すことはできません。善への感受性を要求する行為主体モデルは自然の擬人化を引き起こしかねません。しかし、彼はそれを回避する議論を提供しています。

何かゴール（完結）があるものどもにおいては、より先なるものと続くものはそのために制作がなされる。それぞれは、もし何かが妨げるのでなければ、制作されるように、そのように自然本性上成るし、自然本性上成るように、そのように制作される。それぞれは何かのために制作され、したがってまた、何かのために自然本性上成る。例えば、もし家が自然によって生じたものであるなら、今技術により成るその仕方で生じたであろう。しかし、もし自然によるものが、単に自然によるだけではなく、技術によっても生じたなら、自然に成ったその仕方と同じ仕方で生じたであろう（199a8）。

ここで「ゴール（テロス）」という表現が導入され、それが「何かのため」のその「何か」と同定されています。しかし、ゴールは初めから目的因（トフーヘネカ）のことであるとすれば、議論全体が論点先取を犯すことになります。ここでは「より先のもの」と「続くもの」という表現から明らかなように、「テロス」は生成次元上の「完結、終局」を意味しています。テロスがあるものの一つの代表は制作行為であり、それは制作物の完成をゴールとします。アリストテレスは制作行為において、先のものと続くものそしてゴールがあるように、自然本性にしたがって成るものもゴールに至るまでそのように成るといいます。この議論は制作行為と自然事象の一方に説明的優先権を与えることなしに、双方が互いに説明的である円還的とも形容できる説明構造を示しています。例えば、家が自然物であったなら、今技術により作られるその同じ様式により生じたであろうし、もし植物が人工物であったならば、今自然に生じるその同じ様式により作られたであろうといわれます。このような秩序ある生成において、制作行為はつねに何かのためになされるものであり、「したがって」、自然も何かのためであると主張されています。制作行為の分析が自然の目的的構造を基礎づけているわけではありません。目的論的因果性の特徴であるゴールに至るまでの過程の道筋が二つのケースにおいて等しく現在すると主張されています。

彼は行為主体モデルによる自然の擬人化の疑義を自覚しており、自然と技術の生成の平行性は「技術によることもなく、探究や意図することなく作る他の生物たちを見れば」、「最も明らかである」と主張します。ここで「技術」とは理論的知識と類比的な制作上の真なるロゴスのことです。技術によらず探究や思案そして選択もしない生物の行動を見るとき、「燕が巣を作り」、「蜘蛛が網を張る」事象は自然によってでありまた現実的に目的適合的なことです。生物を観察するとき、ゴールに向かい秩序正しくそれを実現する過程が遂行されています。このことは安定したゴールがあるからこそ、それを実現するプロセスにおいてより先なるものと後なるものも秩序をもつという見解を説得的なものとします。自然においても技術と同様に、自然は無駄なことをすることなく、ゴールを実現するステップが合理的な仕方で決まっているに違いないのです。自然と技術は何かの妨げがなければ、望ましい理論における望ましい仕方で同様の過程と方法を選択する点において円還的説明を許すものであるとするなら、技術が目的的であることが疑いえない以上、自然物も目的的であります。これは生成秩序を共有するもの同士の一方の自明性からする他方への拡張議論であり、「自明性の拡張テーゼ」と呼ぶことにします。

この見解は生物の行動や生物の生成を機能モデル（Function Model）による説明にも対応しているということができます。例えば、腎臓の機能を血液の流入等のインプットにより、これこれの過程を踏み、アウトプットとしての老廃物の処理と記述できるとしましょう。そしてその処理は結果として、事実上、有機体全体の維持に貢献する善いものであるという理解です。有機体は自らに善であるがゆえにという理由で、これこれの質料や過程を選択するということなしに、実際に有益である仕方で有機体は機能するというものです。そのとき、機能モデルは生存に貢献するこの種のアウトプットを生体というシステム全体の現在の状態とインプットの関数として表現されます。これは結果としての善を始動因により説明する試みであり、善に対する感受性に訴えることのない説明の一形態です。

しかし、アリストテレスにおいて機能はまず合成体(魂体)に第一に帰属しますが、目的との関連においてのみ正しく語られます。例えば、心臓の機能は「血液の拍出」ですが、それは「栄養を全身に送るため」という目的への言及なしに、その機能の何であるかを定めることはできません。睫毛の機能は「目の或る覆い」であるとして「目の保護」への言及なしにその何であるかを知ることはできないでしょう。他方、誰かが「肥満」の機能を「運動防止」であるといったとして、それは或る形質が現存する理由についての説明が機能についての説明であると考えることの誤りを示しています。腎臓など部分の機能はその目的や生体全体の保存への貢献において確定されます。だからこそ否定的な事態は「機能不全」と呼ばれます。

したがいまして、機能モデルは目的因を力能態においてゴールに方向づけられた始動因として説明するものですが、やはりこのインプットから産出されるアウトプットはその部分ないし全体への貢献への言及によりその機能の何であるかが判明するという意味において、背後に善である目的因を要求しています。これを開示するのはその何であるかのロゴス(説明言表・定義)を形成することにより、テロス(終局)とトフーヘネカ(目的)の内的な関係を明らかにすることができます。機能モデルはその背後にある目的因への言及なしに、また善の感受性への言及なしに力能態から完成態への過程として特徴づけるものであるといえます。

自己と環境（非自己）の識別

続いて、第二証明は、第一の拡張テーゼを基礎とする失敗の概念の分析に基づくものです(199a32)。自然によるものにおける失敗は行為主体のそれと同様に当該のゴールを実現するのに必要となる手順がうまく踏まれない状況において生じます。例えば「怪物」や「奇形」はその成長の自律的内的原理がゴールを実現しそこなうような仕方で破壊されるがゆえに発生します。したがって、失敗という概念そのものが、ゴールとそれを実現する過程の間には、ゴールGを実現するために過程$P_1, P_2...P_n$が生じるのであって、$P_1, P_2...P_n$が生じるがゆえにゴールGが実現するという構造になっていないことを示しています。

これらの証明を受けて、『自然学』II 8の終結部で、自然は医者が自ら自身を治療するのに似ていると結論づけられます。医術は意図することはありません。技術を所有しそれによって制作したり治療する者は技術の定義上(制作上の真なるロゴス)意図することはありません。「もし木材のうちに造船術が内在していたなら、それはその自然によって、(技術によってと)同様の仕方で、製造したであろう。従って、技術のうちに何かのためが内在するなら、自然においてもそうである。とりわけそれが明らかなのは、或る医者が自分で自らを治療するときである」。手に治療術をもった医者は自身に故障が生じた際には、他に依存することなく自ら健康を取り戻すべく、自らに身体化している技術によって、もはや思案することなく自身を癒します。

この比喩によれば、自然は自ら自己維持ないし完成状態のロゴスを所持し、そのロゴスを媒介に自己と環境（非自己）に関わりつつ、自己の存在を維持しているそのような原理です。自然物として能動と受動の主体は同一であり、そこに内在する自然は自律的であることが示されています。大胆にいえば、ロゴスは自ら動かず、自己維持のために身体や素材を動かしています。有機体は自己と環境の何らかの識別の中で、自己の存在を維持すべく環境に適応しまた利用するそのような原理としての自然を内在する自然物だと主張できます。

六　端的必然性と条件的必然性の両立

最後に、きわめて簡単にですが、四元素の転化の衝動に基づく「端的必然性」とゴールがあるならこれこれの質料の存在と運動が必然であるという「条件的必然性」の共存性を確認します。それにより物理生理的説明と目的論的説明の両立可能性を示唆することができます。

端的必然性と条件的必然性との関係は、後者の例として鋸の目的である切断を実現するためには、それが硬いものでできていなければならないとした後に、次のように描かれます。

その時必然性は条件的であるが、その必然性はゴールが必然である様式であるのではない。なぜなら〔後者の理由として、ゴールの必然性があるのは〕必然性は質料に存するからであり、〔前者の理由として、必然性が条件的であるのは〕目的はロゴス（説明言表）に存するからである（200a13-15）。

ゴールを必然化するのはそれが純粋に質料的に特定される限りにおいてです。ロゴス次元にある目的はこれこれの質料の必然性の根拠ではありますが、それが具体的に実現されるのは質料をともなってのみであり、その実現されるゴールの質料的側面は純粋に質料的な記述により必然的なものとして描きうるのです。端的必然性は目的を実現するゴールの質料を実現します。M_1〜M_{n-1}はM_nを必然化し、M_nはG_n($=M_n+F_n$)の「質料として」G_nの存在を必然化します。

質料はロゴス上条件づけられますが、時空上それ自身の物理的力によって生成します。そこに矛盾はありません。というのもそこでロゴス上条件づけられることは必ずしも時空上の運動がそれ自身の力によらないことを意味しないからです。目的因は方向づけられた質料因のロゴスであり続けますが、自然物が質料と形相不可離なものであることを思い返すべきです。このロゴス性は定義を試みるときにのみ、別なものとして把握されます。したがって生物事象の生成は目的因によるものでありまた必然因によるものでもありうるのです。

以上、まことに不十分ですが、脳が進化した時代に生まれたアリストテレスがどのように目的因を理解し自然として生成物の必然性を制御すると考えたかの一部をお話しいたしました。自然は豊かなのだと思います。現代の生物学はゲノムの解析など生命の材料の学に従事しているのですが、アリストテレスはすでに生物学は *Holistic*(全体的)なものであることのモデルを示しており、今後の生物学の指針となるでありましょう。そしてナチュラリスト、ダーウィンはその方向性をことの他喜ぶにちがいありません。

（この講義は第一四回認知神経科学会（二〇〇九年七月）における特別講演「アリストテレスの生命観――目的因はいかに語られうるか」をもとにしています。（『認知神経科学』Vol. 11. 3・4、一九三―二〇二頁、二〇〇九年一二月参照。なお拙著『アリストテレスと形而上学の可能性――弁証術と自然哲学の相補的展開』（勁草書房、二〇〇二年）第五章「目的論的自然観」参照ください）。

〈参考文献〉

[1] 桝本潤『しもべ　桝本忠雄遺稿記念文集』（基督教独立学園刊行会、一九八三年）
[2] K・スタノヴィッチ『心は遺伝子の論理で決まるのか』（椋田訳、みすず書房、二〇〇八年）
[3] C. Darwin, *Origin of Species*, 6th edition (London, 1872)
[4] R. Dawkins, *Selfish Gene*, (Oxford, 1976)
[5] R. Dawkins, *The Blind Watchmaker*, (North & Company Inc., 1986)
[6] R. D. Masters, "Gradualism and Discontinuous Change", *The Dynamics of Evolution*, ed. A. Somit and S. Peterson, (Cornell University Press, 1989)
アリストテレス『動物誌』（*Aristoteles Graece*, Vol. I, II, ed. I. Better (Berlin 1831)）、『動物部分論』、『気象論』、『魂論』、『自然学』、『形而上学』

第Ⅲ部　現代社会における人と生物

第八章　人間の幸福と動物の幸福

――動物実験者の立場から

和田博美

本章は平成二三年度に開催された北海道大学大学院文学研究科・文学部の公開講座「生物という文化を探る――人と生物の多様な関わり」をもとに執筆されたものです。公開講座もこの章も、対象として一般の人を想定しています。そのため動物実験に関する法令や専門機関についての説明は必要最小限にとどめ、専門用語の使用も極力排して平易な表現を用いるよう心がけました。これは多くの人に、動物の愛護や福祉の精神に基づいた動物実験がどのようなものかを知っていただきたいからです。科学者向けの専門的な知識や議論は、別書に譲りたいと思います。また著者は動物実験を行う科学者です。したがってこの章は動物実験を必要不可欠なものと位置づけ、動物実験賛成の立場から展開することをお断りしておきたいと思います。動物実験は必要不可欠であり、動物愛護と福祉の精神に則って適正に行われていることを理解していただけたなら、これに勝る喜びはありません。

一　動物実験に対する考え方

動物実験に対する考え方として、大きく三つを想定することができます。第一は動物実験絶対反対の考え方です。これを徹底的反対主義と呼ぶことにします。徹底的反対主義は、たとえ動物実験が人間の病気やケガを治療し寿命を延ばすことに必要不可欠であるとしても、動物を犠牲にすることに断固反対します。動物の肉や毛皮を、人間の食料や衣類として利用することにも反対します。愛玩動物として可愛がることさえ認めません。この考え方に立つ人々は、動物も人間と同様、いっさいの束縛を受けず自由に生きる権利があると主張します。動物を利用することすべてに反対するのです。

徹底的反対主義を主張する人たちの中には、研究施設に侵入して動物を持ち去ったり（彼らの考え方からすれば、動物を救出したことになります）実験装置を破壊したりといった過激な行動に走る人たちもいます。科学者が攻撃されるケースも報告されています。ここまでエスカレートすると、動物の愛護や福祉の話を飛び越えて犯罪行為になるのではないでしょうか。

徹底的反対主義者と動物実験を行う科学者の間に話し合いの余地はありません。たとえ話し合ったところで平行線をたどるだけです。動物実験を行う科学者はこのような考え方の人達と話し合いも交渉もしません。もしあなたが徹底的反対主義の立場なら、この章を読んでも無益でしょう。ここから先は跳ばして次の章に進んで下さい。

第二の立場は徹底的反対主義とは正反対の考え方です。動物実験をいかに行うかは専門家である科学者が判断すべきことであり、行政当局や法律家、一般市民などの素人が介入すべきものではないと主張します。科学者の自由な発想に基づいた独創的な研究が生まれるためには、法令による規制はなじまないというのです。この考え方を徹底的自由主義と呼ぶことにします。動物の愛護や福祉に関連する法令がなかった頃は、動物実験は科学者の裁量に任されていました。動物にいかなる苦痛を与える実験でも禁止されることはありませんでした。かつて耳にした話ですが、無麻酔のイヌをロープで絞殺し、死後変化を調べた実験があったそうです。研究成果を学術雑誌に掲載しようとしたところ、あまりに残酷だということで拒否されたと聞いています。動物に教授の名前をつけて実験したり、冷蔵庫の中にパンやマーガリンといっしょに動物の死体が保管されていたりという話も聞いたことがあります（もっともこれらは、常識や衛生上の問題ではないかと思うのですが……）。

しかし昭和四八年に「動物の愛護及び管理に関する法律」が制定され（平成二三年度最終改正）、もはや科学者の裁量による自由な研究は存在しえなくなりました。もし好き勝手に動物実験を行おうものなら「動物の愛護及び管理に関する法律」違反でただちに摘発され、研究することも成果を発表することも不可能になるでしょう。科学者としての将来は断たれることになります。動物実験を行う科学者の中に、徹底的自由主義を主張する者は一人もいません。

第三の考え方は動物の生命に対して尊厳や畏敬の念をもちつつ、なお動物実験の必要性と有用性を主張します。現在、動物実験を行っている科学者はみなこの立場に立っています。動物実験を行う科学者はまず動物実験実施者のための訓練会に参加して、動物の愛護や管理に関する法令や、実験を行う上で留意すべき動物の福祉について学びます。そしてこれら動物の愛護と福祉に基づいて実験計画を立案し、動物実験委員会の審査と承認を得て研究を行っているのです。

これから本章で述べることは、動物の愛護や福祉を尊重しつつ、その上で動物実験の必要性を認める立場で展開していきます。動物の愛護や福祉の精神が現場でどのように生かされているのか、動物実験の審査は適正に行われているのか、具体的にどんな措置がとられているのか知りたいという人には、ぜひ読んでいただきたいと思います。動物にむやみに苦痛を与えるような実験には反対だが、動物愛護や動物福祉の精神を尊重し、人間の幸福のために行われる研究なら容認するという立場の人にも読んでいただきたいと思います。そして動物実験を行う科学者が、科学的真理の探究と人間の幸福のために貢献したいという確かな信念に基づき、制定された法令を遵守して適正に研究を行っているということを知っていただきたいのです。動物実験を行う科学者の一人として、切に願ってやみません。

二　科学的合理性

「動物の愛護及び管理に関する法律」は第二条で、動物をみだりに殺したり、傷つけたり、苦しめたりしてはならないと定めています。「みだりに」とは「必要もないのに」とか、「きちんとした理由もないのに」といった意味です。つまり動物実験を行うには、「なぜ動物実験を行う必要があるのか」という理由を科学的な根拠に基づいて説明する責任があるのです。その説明ができなければ、動物実験を行ってはならないのです。

動物実験の必要性を説明する事例として、どのようなことがあるでしょうか。まず思いつくのは医療技術の進歩でしょう。それまで不明とされてきた病気の原因が、ウイルス感染や遺伝子の異常によるものであると次々に明らかにされてきました。原因が明らかにされたことで治療法も発展しました。さまざまな外科手術が確立され、新薬が開発されたのです。その有効性が証明できたのも動物実験があったためではないでしょうか。次に挙げられるのは、今も原因不明の病気や治療法のない病気で苦しんでいる患者さんの存在です。患者さんやその家族は新しい治療法や効果的な薬が開発されることを、一日千秋のおもいで待望しているのです。このような人たちの期待に応えることは科学者の重大な責務といえます。第三に科学者自身のモティベーションが挙げられるでしょう。科学者は真理を探求し、自然界に存在する原理や法則を明らかにすることに至高の価値をおいています。動物実験を行う科学者は生命現象の解明に取り組んでおり、これが病気の原因解明や治療法の確立にもつながるのです。

これらの目的を達成するには、動物実験が必要不可欠です。動物を使って実験を行う以外方法はありません。ここに科学的合理性の根拠があるのです。動物実験を行う科学者の側にも、科学的合理性の根拠をきちんと説明し、社会から理解されるよう努める義務があります。動物実験が正しく認知され、社会に広く受け入れられるよう努力を怠ってはならないのです。

むろん科学的合理性があればどんな動物実験でも許されるというものではありません。動物愛護・動物福祉の精神を尊重し、なおかつ科学的合理性に基づいた研究のみが許されるのです。では動物愛護や動物福祉の精神は本当に尊重されているのでしょうか。科学的合理性はきちんと説明されているのでしょうか。科学者の自分勝手な判断で、動物愛護や科学的合理性がねじまげられていないでしょうか。動物実験を行う場合には、事前に動物実験の計画申請書を作成する必要があります。この計画申請書を動物実験委員会等の審査機関に提出し、計画内容が動物愛護や動物福祉の精神に照らして適正かどうか、科学的合理性を満たしているかどうか厳しい審査を受けなければなりません。適正でない部分があれば修正を求められ、審査に通らない限り研究を行うことはできないのです。研究費を申請する際にも、動物実験委員会の審査を受け承認を得てから行うことを明記しなければなりません。研究成果を学会や科学雑誌に発表する場合にも、審査を受け承認を得ていることを示さなければなりません。このような制約を設けることで、科学者の意識を高めているのです。もし動物実験委員会から承認を得ることを怠ると、研究費を獲得することも研究成果を発表することも難しいのです。いや不可能といっても良いでしょう。動物実験を行う科学者は必ず、動物愛護と福祉の精神を尊重し、科学的合理性を明確にしなければならないのです。今日ではすべての科学者が、動物の愛護と福祉に基づいて実験計画を立案し、動物実験委員会の審査と承認を得て研究を行っているのです。
では動物実験の計画申請書はどのように審査され、承認されるのでしょうか。

三　法規制と自主管理

動物実験に対する規制の仕方に二つの方法があります。一つは国が動物実験の法令を制定し、実験動物の飼育も実験そのものも規制する方法です。動物実験施設は免許制になっており、行政当局の査察を受けて免許を得なければなりません。科学者は動物実験従事者として免許を取り、その上で動物実験を行う許可が必要になります。動物実験を最終的に承認するのは大臣など行政当局の長となります。国が法令によって規制するため、公正一律で社会的透明性の高い審査を行うことができます。法規制は科学者自身が定めたものではないため、使い勝手が悪い面もあります。しかしヨーロッパ諸国の多くがこの法規制を取り入れているのです。

もう一つは、国は飼育に関してのみ法令で規制し、動物実験については大まかな枠組み(規範)のみを示し、具体的な規程や実験計画申請書の審査・承認は科学者自身の裁量に委ねるという方法です。国が定めた大枠に沿って、動物実験を行う研究機関(大学や研究所)それぞれが規程を作り、機関内に設置された動物実験委員会が教育訓練会を開いたり、実験計画申請書の審査・承認を行ったりします。この方法は自主管理と呼ばれています。動物実験の承認は研究機関長の名前で行われます。

科学者自身が規程を作り審査を行うため、自由な発想や独創的な研究が可能となります。科学者にとって使い勝手の良い規程を作ることもできます。そのため規程や審査がいかに公正であり、国の規範に合っているかどうかを明確にすることが必要になります。何よりも科学者が規程を遵守していることを明らかにしなければなりません。そこで規程を公開する、研究機関以外の第三者を動物実験委員会に加える、自己点検・自己評価して検証を行う、情報を公開するなどして社会的透明性や客観性を高める必要があります。また科学者が研究費を獲得したり成果を発表したりする場合に、動物実験委員会の承認を得ることを必須条件とすることで、科学者自身のインセンティブ(やる気)を引き出すようにしています。アメリカやカナダなどの北米、そして日本が自主管理を取り入れています。今日、すべての科学者がこれらの規定にしたがって研究を行っています。

日本の場合をもう少し詳しく見てみましょう。動物実験に関連して「動物の愛護及び管理に関する法律」が制定されており、動物愛護と動物実験の理念が明記されています。動物は命あるものであり、みだりに殺したり、傷つけたり、苦しめたりしてはならないこと、動物との共生に配慮して適切に取り扱うよう定めています。これらの基本原則にしたがい、動物愛護については平成一八年環境省が「実験動物の飼養及び保管並びに苦痛の軽減に関する基準」を、動物実験については平成一八年文部科学省、厚生労働省、農林水産省のそれぞれが「研究機関等における動物実験等の実施に関する基本指針」を定めています。この基本指針を踏まえて、科学者集団である日本学術会議が平成一八年に「動物実験の適正な実施に向けたガイドライン」を作成しました。各研究機関はこのガイドラインに沿って独自に規程を設けています。北海道大学は平成一九年に、「国立大学法人北海道大学動物実験に関する規程」を作成しました。この機関内規程に基づいて動物実験委員会が設置され、機関内規程の策定、科学者に対する教育訓練の実施、実験計画申請書の審査と承認が行われているのです。また動物実験が適正に行われているかどうか立ち入り検査を行うとともに、自己点検・自己評価も行い、その結果を情報公開して社会的透明性を確保するよう努めています。

法規制にも自主管理にもそれぞれ一長一短がありますが、重要なのは動物の愛護や福祉を尊重し、科学的合理性に基づいた研究が行われているかどうかです。では動物実験計画はどのような観点から審査され承認されるのでしょうか。具体的に見てみましょう。

四　３Ｒの原則

動物の愛護・福祉に基づく実験に求められるのは、３Ｒの原則を遵守することです。３Ｒとは三つのＲ、すなわちReplacement、Reduction、Refinementの頭文字を指します。Replacementとは代替法を利用すること、Reductionとは使用する動物数を削減すること、Refinementとはできる限り動物に苦痛を与えないことです。以下に詳しく述べてみます。

①Replacement（代替法の利用）

動物実験を行うに先立って、科学者は動物を使った実験が真に必要かどうか、他の方法は考えられないかどうかを検討するよう求められます。もし動物を用いなくても研究目的を達成できるなら、迷わず他の方法を利用しなければなりません。これが代替法の利用です。代替法としてコンピュータを用いたシミュレーション実験や、培養された細胞または細菌を用いた実験が考えられます。コンピュータ・シミュレーションでは数式化されたモデルにしたがってコンピュータに計算させ、ヒトの体内で実際に起こる現象を予測することができます。また最近ではヒトのiPS細胞を用いて薬剤による深刻な副作用を調べることもできます。代替法の利用が成果をもたらしている一例といえるでしょう。これらの方法には限界もありますが、コンピュータや培養された細胞はヒトのように苦痛を感じないので、愛護や福祉を考える必要はないのです。実際にこのような代替法の利用が、動物実験者の間でも広まっています。

しかし動物実験を行う多くの科学者は、コンピュータ・シミュレーションや培養細胞では研究目的を達成できない、あるいはこれらの方法では精度が低すぎて信頼できるデータが得られないと考えています。どうしても実験動物が必要な場合であっても、できる限り脊椎動物を避け細菌や昆虫などの無脊椎動物を利用することが望ましいとされています（無脊椎動物が苦痛を感じないとはいいきれませんが……）。研究の目的上どうしても脊椎動物を利用しなければならないなら、より下等な脊椎動物を利用しなければなりません。哺乳類より鳥類を、鳥類より爬虫類、両生類、魚類を使用することが望ましいのです。

私自身は、脳神経系が発達する周産期に化学物質に曝されることで、認知機能や社会性の発達にどのような影響が及ぶのかを研究しています。認知や社会性の発達過程を研究するには、コンピュータ・シミュレーションでは目的を達成することができません。培養細胞や細菌も、ヒトと同等の認知機能や社会性を有している保証がないため利用できません。ヒトに対する影響を予測する必要がある以上、ヒトと同じ認知機能や社会性を持った動物種でなければならず、現段階では実験動物を用いる以外に方法はないと考えています。将来科学技術が発展し、コンピュータ・シミュレーションや培養細胞の研究によって認知の発達や社会性が解明できるようになったなら、そのときこそ代替法の利用を考えるときだと思っています。

②Reduction（動物数の削減）

実験動物の使用が避けられない場合、使用する動物数をできる限り削減することがReductionになります。信頼されるデータを得るには動物が何匹必要なのか、できる限り少ない動物数で実験を行うにはどのような実験計画が考えられるのか、同じ動物を繰り返し使用することは可能なのか、このような点を十分検討しているかどうかが問われます。精度の高い実験であれば、動物数を少なく抑えることができるのです。遺伝的に均一な動物を用いる、病気やケガのない健康な動物を購入する、飼育室やエサなどの飼育環境を一定にすることなどが、実験の精度を高めることにつながります。一度に多くの動物を使用しなければならない実験もあります。動物を一度しか使用できない実験も少なくありません。それでも無駄をなくし、使用する動物数を少しでも削減することが必要なのです。

③ Refinement（苦痛の軽減）

できる限り実験動物に苦痛を与えない。これが Refinement です。詳細は次節の「苦痛カテゴリー」の項に譲りますが、動物実験には観察のようにほとんど苦痛を与えない処置から、発ガン実験や感染症実験のように死に至る処置までさまざまな処置があります。たとえ死に至らないまでも、脊髄損傷など回復不能なダメージを与える処置もあるのです。このような実験であっても、科学的合理性に基づく研究であれば承認されることになります。しかしそれはむやみに苦痛を与えても良いということではありません。動物の苦痛を軽減するために最大限の措置を取ることが義務づけられているのです。特に回避不可能な苦痛を与える場合は、苦痛の軽減措置が必須とされています。外科的手術を行うときは適切な麻酔下で行い、手術の後には鎮痛剤や感染症を防ぐための抗生物質の投与が必要になります。動物から苦痛を取り除くことができず回復も不可能と判断されたときには、安楽死による苦痛からの解放という処置が施されます。

五　苦痛カテゴリー

動物の苦痛がヒトにわかるのでしょうか。動物の苦痛を測定することができるのでしょうか。一つの考え方は、動物が感じる苦痛の程度はヒトが感じる苦痛の程度とほぼ同じであろうと見なすことです。ヒトが痛いと感じることには、動物も同程度に痛いと感じるという考え方です。確かに一部の苦痛に関してはこの考えがあてはまるかもしれません。しかし動物種によっては特定の感覚器官が非常によく発達しています。ヒトよりずっと敏感な場合があるのです。例えばイヌの嗅覚を考えてみて下さい。臭いに対してヒトよりはるかに敏感なため、ヒトが何も感じないような臭いであっても、イヌにとっては耐え難い強烈な臭いとなることがあるでしょう。ヒトにとって日常的になっている音楽や部屋の明かりも、音や光に敏感なげっ歯類（ネズミなど）にとっては強いストレスになるのです。ヒトの苦痛の程度≠動物の苦痛の程度とは必ずしもいえないのです。

そこで考えられたのが苦痛の程度を段階的に区分するという考え方です。動物がどう感じるかではなく、苦痛の相対的な強さによって区分するのです。表8-1（章末）は苦痛の程度によって区分した苦痛カテゴリーをまとめたものです。これは「動物福祉のためのサイエンティストセンター」が作成した苦痛カテゴリーを、国立大学法人動物実験施設協議会が紹介し解説を加えたものです。またこれらの苦痛カテゴリーに相当する実際の動物実験処置をまとめたのが表8-2（章末）です。

動物実験は動物に与える苦痛の程度に応じて、A～Eの五つのカテゴリーに区分されています。動物実験を行う科学者は、自分が行おうとしている実験がどの苦痛カテゴリーに相当するのかA～Eから選び、実験計画申請書に明記しなければなりません。一つの実験の中で複数の処置を施すことも少なくありません。例えばストレスを与えるために水の中を強制的に泳がせ、その後に採血してストレスの影響を調べるような場合、強制水泳と採血という二つの実験処置が施されることになります。この場合、強制水泳と採血のそれぞれを苦痛の程度によってA～Eのカテゴリーに区分し、最終的な苦痛カテゴリーとして最も高い苦痛の程度を記入しなければなりません。

　それぞれの苦痛カテゴリーにあてはまる具体的な実験処置を見てみましょう。苦痛の程度がもっとも低いのがカテゴリーAです。この処置にはコンピュータ・シミュレーションや培養細胞など生物を用いない実験、あるいは植物、微生物、無脊椎動物の昆虫などを用いた実験が該当します。カテゴリーAの実験では、そもそも動物実験計画の審査がありません。

　カテゴリーBは実験動物に対して、ほとんどあるいはまったく苦痛を与えない程度の処置です。動物を短時間つかむ、身長や体重を量る、自然な運動や発情行動などの自発的な行動を観察する、尻尾や耳から採血する、静脈や腹腔へ注射する、個体を識別するために耳パンチ（耳に穴を空けること）をしたり色素を塗ったりすることが含まれます。これらの処置はほとんど苦痛を伴いませんが、短時間ながら動物の体に触れ自由を奪うことがあります。ペットを抱いている飼い主を見かけることがありますが、実験動物にこのような行為を行えばカテゴリーBに相当するのです。PETやMRIを使った計測もカテゴリーBに入ります。動物が動かないよう麻酔下で撮像するため、苦痛を与えることはありません。安楽死処分もカテゴリーBになります。安楽死処分は麻酔下で行われ、動物は意識のない状態で苦痛を感じることなく死に至るためです。

　短時間ではあっても軽度の苦痛を伴う実験、あるいは苦痛を伴うが回避できるような実験はカテゴリーCです。数時間にわたって動物を拘束する、強制的に運動させる、麻酔下で外科手術を行なう場合があてはまります。外科手術の中には、頭蓋骨に穴を開け脳内に電極やカニューレを挿入する、帝王切開を行う、病理組織を採取することなどが含まれます。外科手術を行うような実験では、苦痛の程度や持続時間を考慮して鎮痛剤の積極的な使用などさまざまな配慮が求められています。疾患モデル動物の研究の中でも、高脂血症や認知症のモデル動物を作製するような研究はカテゴリーCとなります。高脂血症は症状が比較的軽く重篤な障害はありません。また認知症も自分の症状がわからなくなる病気ですから、苦痛レベルはさほど高くないと考えられています。

これに対し、動物にとって不可避で重度の苦痛を伴う実験はカテゴリーDとなります。強いストレスや苦痛をもたらす刺激を長時間にわたって加えたり、動物同士でケンカをさせてたがいに傷つけ合わせたり、動物が激しい苦悶の表情を示したりする（たとえば、放射線に曝露する、毒物を投与する、ガン細胞を移植する、ウイルスに感染させる）実験です。機能回復が不可能になり、死に至ることを想定した疾患モデル動物の作製もカテゴリーDに分類されます。脊髄損傷、心筋梗塞や腎不全、パーキンソン病、筋ジストロフィー、自己免疫疾患などのモデル動物作製が該当します。カテゴリーDの実験に供される動物は、耐え難くしかも回避不可能な苦痛に曝されることになります。このため苦痛を最小限にするための積極的な措置として、麻酔薬や鎮痛剤を使用したり、苦痛を排除するため別の実験計画を検討したりすることが求められています。また苦痛カテゴリーDの実験を行う場合には、次節で述べる「人道的エンドポイント（動物を耐えがたい苦痛から解放するために実験を打ち切るタイミング）」を適用することが勧告されます。

苦痛レベルが最も高い実験はカテゴリーEです。動物が耐えることのできないような苦痛を無麻酔下で与える実験が該当します。動物が動けないように筋肉弛緩剤を投与し、無麻酔下で外科手術をする（筋肉弛緩剤の作用で動物は動くことができませんが、感覚機能は正常であるため痛みは普通に感じることになります）、動物を絞殺したり毒物を与えて死亡させたりする実験が含まれます。このような実験は、たとえ科学的合理性が認められたとしても決して行ってはならないし、アメリカやカナダでは法令によって禁じられています。

六　人道的エンドポイント

実験を続けてももはや動物に苦痛を与えるだけで、科学的に信頼性のあるデータを得られないような状況に至ることがあります。このような状況に至ったなら、いたずらに動物に苦痛を与え続けるより、実験を打ち切って動物を耐え難い苦痛から解放することが求められます。この実験を打ち切るタイミングを人道的エンドポイントと呼びます。人道的エンドポイントとは安楽死処分を施すタイミングのことです。人道的エンドポイントを施すタイミングとして、次のような症状が想定されています。

（イ）　飲食不能：食物や水を摂ることがもはや不可能になり、早晩衰弱して死に至ることが明らか。

（ロ）苦悶の症状：呼吸困難になる、体をよじったり、絶えず鳴き声を上げたりする、自傷行為が見られる。
（ハ）下痢・出血：下痢や出血が続き、回復の兆しが見られない。
（ニ）体重減少：体重が急激に減少して衰弱していく。
（ホ）腫瘍（ガン）の拡大：腫瘍が著しく拡大する。

先に述べた苦痛レベルDの発ガン実験では、ガンが体中に広がると動物は痩せて衰弱していきます。時には出血が見られたり苦悶の症状を呈したりします。このような状態に至った動物の体重を量ったり採血したりしても、科学的に有用なデータは得られません。その場合、すみやかに殺処分を施し、動物を耐え難い苦痛から解放する必要があります。

七　安楽死処置

人道的エンドポイントで示した症状が認められたときには、耐え難い苦痛から動物を解放するために殺処分を行う必要があります。実験が終了したときにも、殺処分を行います。殺処分は環境省が示した「動物の殺処分方法に関する指針」（平成一九年）にしたがって安楽死処置をとります。安楽死処置とは、動物に苦痛を与えることなく、速やかな意識消失とそれに続く心肺機能の不可逆的な停止状態を誘導する行為と定められています。

安楽死処置には化学的方法と物理的方法があります。化学的方法では致死量を超える麻酔薬の投与や、炭酸ガスの吸引によって安楽死させます。また実験によっては麻酔による意識消失状態で体内の全血液や臓器を採取し、覚醒させずにそのまま安楽死させることもあります。物理的方法では頸椎脱臼法や断頭法が用いられます。頸椎脱臼法はマウス（ハツカネズミ）や仔ラット（子どものネズミ）などの小型のげっ歯類に用いられる方法です。クビの付け根付近を押さえ尻尾を強く引っ張ると、頸椎部分が脱臼して瞬時に死に至ります。断頭法は成獣となったラットに用いられます。ただし、安楽死のためだけに断頭法を用いることはなく、全血液や脳を取り出すために断頭法を用いることが普通です。その場合、動物に苦痛や不安を与えないため、事前に麻酔薬を投与して断頭を行います。麻酔をかけたほうが動物に噛まれる心配もなく、実験者にとっても安全なのです。

発ガン実験や感染症実験でもはや回復の見込みがなく、苦しみながら死ぬのを待つだけのような場合には、多くの人が動物の安楽死処置はやむをえないと受けとめるでしょう。しかしもしかしたら回復するかもしれません。また実験が終了したのなら、その後は自由に生かすべきではないかと考える人もいるでしょう。積極的な治療を施さないまでも、自然死するまで見守るべきだという考え方も当然あると思います。ここに研究用の実験動物とペットのような愛玩動物の大きな相違があるのです。次に動物の利用目的による区分について考えてみましょう。

八　利用目的による動物の愛護と福祉

人間は長い歴史の中で動物を利用し、動物の生命を奪って生きてきました。動物を愛玩用として可愛がる一方、時に農耕用に利用し、時に食肉用として利用してきたのです。動物に対しそれぞれの目的に応じて異なる扱いをしてきた事実を、人間は厳粛に受け止めなければなりません。

動物の中でも愛玩動物であるネコやイヌは人間といっしょに暮らし、時に家族のように扱われてきました。そもそも愛玩動物は、人間が可愛がる目的で作り出された動物です。噛みついたり暴れたり、大声で吠えたりする習性は取り除かれ、穏やかで人間になつく性質をもつよう交配・改良されてきた動物なのです。飼い主と一緒に過ごしたり、病気やケガをした場合は動物病院に連れて行ってもらったりもします。毛並みを良くしたり、生活習慣病を予防したりする効能を持った飼料まで販売されています。また愛玩動物は終生飼育、動物が死亡するまで一生飼い続けることが基本になっています。

これに対して実験動物は、研究という科学上の利用を念頭に開発され、繁殖・維持されている動物です。小型で扱いやすく、近親交配によって遺伝子や性質まで均一になるよう操作されています。研究のために生まれ、研究が終わればその役目も終わるのです。役目が終わった時点で安楽死処分となるのです。自然死するまで終生飼育すべきではないかという発想は、実験動物にはもともとないのです。もちろんサルのような大型の実験動物では、終生飼育が義務づけられている場合もあります。しかしマウスやラットのようなげっ歯類にはその義務はなく、むしろ実験終了後はすみやかに安楽死させることが要請されているのです。それに限られたスペースの飼育室で動物を一生飼育し続けることになれば、次の動物を飼育することができず新しい研究を始めることが不可能になります。

研究が終了した時点で安楽死処分をするという発想は、食肉用の動物を考えれば理解していただけるのではないでしょうか。食肉用の牛、豚、鳥は食肉としての価値を高めるように交配・改良されてきました。そして食肉として最も適した時期に処分され、人間に消費されるのです。食用に供する目的で飼育されているのであって、可愛がる目的で飼育されているのではありません。終生飼育もありえません。このように、実験動物や食用動物の飼育目的は愛玩動物の飼育目的とは一線を引き、動物の扱いもまったく異なるのです。すなわち実験動物に対する愛護や福祉と、愛玩動物に対する愛護や福祉は違うのです。適正な規制に基づき、できる限り苦痛を軽減した上で科学的に必要と認められた研究に供する、これが科学的合理性に基づく動物の愛護と福祉なのです。同じ生命をもった動物が、一方は人間によって愛玩され終生面倒を見てもらい、他方は研究や食用に供され確実に生命を絶たれます。徹底的反対主義のように、動物実験や食肉の習慣を完全に止めればこの問題は解決するでしょう。科学技術が進歩してコンピュータ・シミュレーションや培養細胞で精度の高い実験ができるようになれば、あるいは人工的に牛肉や豚肉を合成できるようになれば、この問題は解決するでしょう。しかしそれまでは、動物の利用目的によって愛護と福祉に二重の基準があるというこの不条理を厳粛に受け止め、動物実験を続けていくしかないのです。

九　北海道大学における動物実験

北海道大学ではどのようにして動物実験が行われているのでしょうか。大学内で動物実験を行う場合、教員、学生を問わず、まず動物実験委員会が主催する北海道大学動物実験実施者等教育訓練講習会に出席しなければなりません。その上で実験計画申請書を作成し動物実験委員会の承認を得ることが必要になります。研究終了後は報告書を作成して提出することが義務づけられています。以上の規程を守らなければ動物実験を行うことができないようになっています。次にそれぞれの段階を具体的に見てみましょう。

①北海道大学動物実験実施者等教育訓練講習会

動物実験実施者は、まず動物実験実施者等教育訓練講習会に出席することが求められます。この講習会は年二回開催されます。今年度(二〇一二年)は五月と一一月に開催されました。講習会に参加すると受講票が配布され、講習後、氏名を記載して提出します。これによって受講者名簿に氏名が登録され、以後五年間動物実験実施者として承認されることになります。五年後に再び受講すれば、登録を更新することができます。講習では次の四点を学びます。

（イ）関連法令等に関する事項：ここでは「動物の愛護及び管理に関する法律」や北海道大学が定めた学内の規程等について学び理解します。

（ロ）動物実験を行う上で留意すること――動物福祉、保定、処置等：ここでは動物福祉の基本概念を理解するとともに、動物実験に必要な保定（動物の体を安定した状態でつかむことを保定と呼びます。動物に不安や苦痛を与えず、実験者も動物に噛まれないように注意する必要があります）、試料投与、試料採取、人道的エンドポイントと安楽死について学びます。

（ハ）実験動物の飼養保管及び安全管理に関する事項：実験に使用する動物種の生態や習性に応じて飼育環境を適正に整える必要があること、実験動物や実験者に事故がないよう、また実験施設周辺の環境や生態系に影響がないよう予防と安全管理を徹底する必要性を学びます。

（ニ）システムの説明と飼育に関して留意すべきこと：ここでは動物実験施設の利用と飼育方法、および動物実験計画申請書の申請に関して留意すべきことを学びます。

これらの講習を通して、動物実験の実施、飼養・保管を適正に行うために必要な基礎知識を習得し、動物実験実施者としての資質・意識の向上を図っています。

②動物実験計画申請書

動物実験実施者等教育訓練講習会に出席し登録されると、ログインＩＤとパスワードが交付されます。このＩＤとパスワードを使って、インターネットで北海道大学ホームページ上の「動物実験計画申請システム　遺伝子組換え実験申請システム」にアクセスし、必要な申請を行います。申請できるのは北海道大学の教員であることが条件になっています。提出された動物実験計画申請書は、法令や学内規程に照らし合わせて次の点が適正かどうか厳しく審査されます。

（イ）動物実験実施者は、動物実験実施者等教育訓練講習会に出席し登録されている必要があります。

（ロ）動物を飼養する施設および実験室は、動物実験委員会によって承認された施設でなければなりません（承認されていない施設での動物飼育や実験は認められません）。

（ハ）動物実験の目的、意義、予想される成果について、科学的根拠に基づいて明確に説明しなければなりません（科学的合理性を示すことが必要です）。

（ニ）動物実験を必要とする理由を説明しなければなりません（３Ｒの原則の Replacement を考慮しなければなりません。動物実験に代わる方法がない、動物実験以外の方法では実験の目的を達成できない、選択した動物実験の方法に科学的合理性がある等をわかりやすく説明しなければなりません）。

（ホ）使用する動物数が適正でなければなりません（３Ｒの原則の Reduction を考慮しなければなりません）。

（ヘ）想定される苦痛カテゴリーと苦痛軽減の方法が適正でなければなりません（３Ｒの原則の

Refinement を考慮しなければなりません）。

（ト）　安楽死の方法が適正でなければなりません。

実験計画申請書は、苦痛対効果の分析に基づいて評価が下されます。苦痛とは動物に加えられる苦痛のことです。効果とは研究の成果や研究の意義のことです。得られる成果や研究上の意義に比べて、動物の受ける苦痛があまりに大きすぎるような場合には承認されることはありません。例えば苦痛カテゴリーがEのような研究です。申請内容の修正を求められることもあります。動物は苦痛を受けるがそれを上回る研究成果と意義が期待でき、動物の愛護と福祉の精神に照らして申請内容が適正である場合に承認が与えられるのです。正確な審査を行ってもらうためにも、科学者はわかりやすい実験計画申請書を書くことが重要なのです。最終的に適正であると判断されると、北海道大学の総長名で「実験計画を承認する」という通知文が送られてきます。ここまで来て初めて、動物実験を行うことができるのです。

③終了報告書

動物実験が終了した後、終了報告書を提出する必要があります。終了報告書は申請書と同様に、「動物実験計画申請システム　遺伝子組換え実験申請システム」にアクセスして作成します。実際に使用した動物数はどうだったのか、どのような成果が得られたのかについて報告します。

一〇　適正な動物実験のために

これまで見てきたように、動物実験を実施するには多くの制約があります。動物実験訓練会に出席して必要な基礎知識を学び、実験計画申請書を提出して審査を受けなければなりません。その実験内容が動物を用いてもなお実施するだけの価値があることを説明しなければならないのです。動物実験者にとっては厄介な、面倒なことに思えるかもしれません。しかしこのような規制があるのは単に動物を守るためだけではなく、動物実験を行う科学者を守るためでもあるのです。もし仮に、誰にも知られず密室で研究が行われるとしたら、動物は適正に扱われるでしょうか。もし動物が劣悪な環境で飼育・実験されるとしたら、そのような実験から得られたデータが私たち人間のために役立つといえるでしょうか。このようなことをすれば、科学者はたちまち信用をなくしてしまいます。しかも誰もが動物実験に反対して、研究を続けることが不可能になるでしょう。

科学者は自分を守り研究を続けるためにも、規程にしたがって適正に研究を行っていることを示さなければなりません。北海道大学では「動物実験に関する自己点検・評価報告書」としてインターネットに公開しています。このように、科学者も研究機関も積極的に情報公開して、社会の信頼と支持を確立していかなければならないのです。動物実験の規程を守ることは動物の愛護と福祉を守ることであり、同時に科学者自身を守ることでもあると肝に銘じなければなりません。

本章を終えるにあたり、科学の発展のために多くの実験動物の生命が捧げられましたことを厳粛に受け止め、感謝と哀悼の意を表したいと思います。

〈参考文献〉

環境省「動物の殺処分方法に関する指針」(二〇〇七年、[http://www.env.go.jp/hourei/add/r072.pdf])
環境省「動物の飼養及び保管並びに苦痛の軽減に関する基準」(二〇〇六年、[http://www.env.go.jp/nature/doubutsu/aigo/2_data/nt_h180428_88.html])
厚生労働省「厚生労働省の所管する実施機関における動物実験等の実施に関する基本指針」(二〇〇六年、[http://www.mhlw.go.jp/general/seido/kousei/i-kenkyu/doubutsu/0606sisin.html])
国立大学法人動物実験施設協議会「動物実験処置の苦痛分類に関する解説」(二〇〇四年、[http://www.hokudoukyou.org/siryou/index.html])
鍵山直子・伊藤茂男「動物実験の実践倫理」(アドスリー、二〇一〇年)
動物の愛護及び管理に関する法律(二〇一一年、[http://law.e-gov.go.jp/htmldata/S48/S48HO105.html])
日本学術会議「動物実験の適正な実施に向けたガイドライン」(二〇〇六年、[http://www.scj.go.jp/ja/info/kohyo/pdf/kohyo-20-k16-2.pdf])
農林水産省「農林水産省の所管する研究機関等における動物実験等の実施に関する基本指針」(二〇〇六年、[http://www.maff.go.jp/j/press/2006/pdf/20060601press_2b.pdf])
北海道大学「国立大学法人北海道大学動物実験に関する規程」(二〇〇七年、[http://www.hokudai.ac.jp/jimuk/reiki_honbun/u0100658001.html])
北海道大学「動物実験に関する自己点検・評価報告書」(二〇一一年、[http://www.hokudai.ac.jp/sangaku/suishin/d/H23_report.pdf])

北海道大学動物実験委員会「北海道大学動物実験実施者等教育訓練テキスト」(二〇一二年)
文部科学省「研究機関等における動物実験等の実施に関する基本指針」(二〇〇六年、[http://www.mext.go.jp/b_menu/hakusho/nc/06060904.htm])

表 8-1　苦痛カテゴリーの解説

カテゴリー	解　説
カテゴリーA	生物個体を用いない実験あるいは植物，細菌，原虫，又は無脊椎動物を用いた実験。生化学的研究，植物学的研究，細菌学的研究，微生物学的研究，無脊椎動物を用いた研究，組織培養，剖検により得られた組織を用いた研究，屠場から得られた組織を用いた研究。発育鶏卵を用いた研究。無脊椎動物も神経系を持っており，刺激に反応する。従って無脊椎動物も人道的に扱われなければならない。
カテゴリーB	脊椎動物を用いた研究で，動物に対してほとんど，あるいはまったく不快感を与えないと思われる実験操作。実験の目的のために動物をつかんで保定すること。あまり有害でない物質を注射したり，あるいは採血したりするような簡単な処置。動物の体を検査(健康診断や身体検査等)すること。深麻酔下で処置し，覚醒させずに安楽死させる実験。短時間(2〜3 時間)の絶食絶水。急速に意識を消失させる標準的な安楽死法。例えば，麻酔薬の過剰投与，軽麻酔下あるいは鎮静下での頸椎脱臼や断首など。
カテゴリーC	脊椎動物を用いた実験で，動物に対して軽微なストレスあるいは痛み(短時間持続する痛み)を伴う実験。麻酔下で血管を露出させること，あるいはカテーテルを長期間留置すること。行動学的実験において，意識ある動物に対して短期間ストレスを伴う保定(拘束)を行うこと。フロインドのアジュバントを用いた免疫。苦痛を伴うが，それから逃れられる刺激。麻酔下における外科的処置で，処置後も多少の不快感を伴うもの。カテゴリーC の処置は，ストレスや痛みの程度，持続時間に応じて追加の配慮が必要になる。
カテゴリーD	脊椎動物を用いた実験で，避けることのできない重度のストレスや痛みを伴う実験。行動面に故意にストレスを加え，その影響を調べること。麻酔下における外科的処置で，処置後に著しい不快感を伴うもの。苦痛を伴う解剖学的あるいは生理学的欠損あるいは障害を起こすこと。苦痛を伴う刺激を与える実験で，動物がその刺激から逃れられない場合。長時間(数時間あるいはそれ以上)にわたって動物の身体を保定(拘束)すること。本来の母親の代わりに不適切な代理母を与えること。攻撃的な行動をとらせ，自分自身あるいは同種他個体を損傷させること。麻酔薬を使用しないで痛みを与えること。例えば，毒性試験において，動物が耐えることのできる最大の痛みに近い痛みを与えること。つまり動物が激しい苦悶の表情を示す場合。放射線障害をひきおこすこと。ある種の注射，ストレスやショックの研究など。カテゴリーD に属する実験を行う場合には，研究者は，動物に対する苦痛を最小限のものにするために，あるいは苦痛を排除するために，別の方法がないか検討する責任がある。

カテゴリー	解　説
カテゴリーE	麻酔していない意識のある動物を用いて，動物が耐えることのできる最大の痛み，あるいはそれ以上の痛みを与えるような処置。手術する際に麻酔薬を使わず，単に動物を動かなくすることを目的として筋弛緩薬あるいは麻痺性薬剤，例えばサクシニルコリンあるいはその他のクラーレ様作用を持つ薬剤を使うこと。麻酔していない動物に重度の火傷や外傷をひきおこすこと。精神病のような行動をおこさせること。家庭用の電子レンジあるいはストリキニーネを用いて殺すこと。避けることのできない重度のストレスを与えること。ストレスを与えて殺すこと。カテゴリーEの実験は，それによって得られる結果が重要なものであっても，決して行ってはならない。

この表は「動物福祉のためのサイエンティストセンター」が作成した苦痛カテゴリーを，国立大学法人動物実験施設協議会が「動物実験処置の苦痛分類に関する解説」(2004)としてインターネットに掲載したものを筆者がまとめたものです。

表 8-2　実験処置と苦痛カテゴリー

実験処置	苦痛分類
・数分間，動物を手でつかむ，動きや姿勢を制限する。 ・絶水，絶食させる（動物種や継続時間によりカテゴリーC または D となる）。 ・個体を識別するために耳に穴を開ける，耳にタグをつける，毛を刈る，色素を塗る，入れ墨をする。 ・体重，体温，脳波，心電図を測定する。 ・超音波，MRI，CT，PET などによる画像撮影を行う。 ・摂食量，摂水量，活動量，発情行動など自発行動量を測定する。 ・レバー押し反応等の条件づけを行う。 ・無麻酔で静脈から採血する，腹水を採取する。 ・麻酔薬を塗ったカテーテルを使って採尿する。 ・静脈内，腹腔内，筋肉内，皮下に注射する。 ・放射線を照射する（放射線量と照射部位によりカテゴリーC または D となる）。 ・覚醒させずに安楽死させる。	カテゴリー B
・無麻酔下で数時間にわたり動きや姿勢を制限する。 ・強制的に運動を行わせる，ストレス刺激に曝露する（程度によりカテゴリーD となる）。 ・麻酔下で動脈から採血する。 ・麻酔下で皮下脂肪，骨髄，肝臓，腎臓を採取する。 ・麻酔下で動脈内，脳室内，脊髄内，眼球内へ投与する。 ・帝王切開をする。 ・頭蓋骨に穴を開ける。 ・高脂血症や認知症のモデル動物を作製する。	カテゴリー C
・麻酔下で臓器移植を行う。 ・糖尿病，高血圧症，腎不全，心筋梗塞，脊髄損傷，パーキンソン病，筋ジストロフィー，自己免疫疾患のモデル動物を作製する。 ・単回投与または反復投与の毒性実験を行う。 ・ガン細胞の移植や化学物質による発ガン試験を行う。 ・死亡する可能性のある感染実験を行う。	カテゴリー D

この表は鍵山・伊藤（2010）をもとに，筆者が代表的な実験処置を選んでわかりやすくまとめたものです。

第九章　外来生物のはなし

――人間がもたらした生態系への新たな脅威

池田　透

一　多様な問題を包含する外来生物問題

近年、本来はその地域に生息していない生物が、人間の活動に付随して侵入して、在来の生態系や人間生活に多大な被害をもたらす外来生物問題が大きくクローズアップされるようになってきています。外来生物というからには、生物の問題であることに相違はないのですが、生物の問題だからといって、対象の生物に対して生物学や生態学といった分野だけが対応を迫られるわけではありません。実は、この外来生物問題に関しては、その原因が人間にあるだけではなく、影響も多岐にわたることから、さまざまな利害関係者が存在し、その対応のあり方に関しても多種多様な意見や考え方を考慮する必要がある複雑な問題となっているのです。

例えば、外来生物は在来の生態系に多大な負の影響を与えるために生態系保全という問題を抱えていますし、外来生物が与える農業被害に着目すれば、野生動物による獣害問題といった様相も呈してきます。最近の日本における多くの外来生物の発生原因はペットや家畜等の飼養動物に由来していますので、飼養動物の管理問題にも考えをめぐらせなければなりません。さらに、外来生物を捕獲して処分するとなれば、動物愛護などの生命倫理的課題も解決しなければなりません。そもそも、人と生物の関係は文化や宗教によっても大きく異なりますし、場合によっては人々の自然観や宇宙観までを考える必要性が生じる場合もあります。また、私たち人間が自然に手を加えることによって、生物の進化にどのような影響を与えるのか、さらに生物の進化自体に人間はどこまで関与できるのかといった問題など、どこまでを対象にして対応策を考えればよいのか、複雑でかつ簡単にはまとまらないような、生物学的問題にとどまらない社会的課題が山積みになっています。

つまり、外来生物問題は、人間と生物の間のさまざまな関係が凝縮した社会問題であり、逆に外来生物問題は近・現代の人間活動を映す鏡と考えることもできます。

本章では、この外来生物問題について、外来生物の何が問題であり、なぜ外来生物を放置していてはいけないのかをわかりやすく解説してみたいと思います。

二　外来生物とは？――外来生物の定義

まずは、外来生物とはどのような生物をさすのかを理解しましょう。外来生物は、国際自然保護連合（ＩＵＣＮ）の定義では、「過去あるいは現在の自然分布域外に導入された種、亜種、それ以下の分類群であり、生存し、繁殖することができるあらゆる器官、配偶子、卵、無性的繁殖子を含むもの」とされています。ここで用いられている「導入」という用語も、「生物を直接・間接を問わず人為的に、過去あるいは現在の自然分布域外へ移動させること」という意味で用いられていますので、注意してください。これらの定義は学術上の定義で、専門的な用語が用いられ、一般には理解しにくいので、簡単な言葉で言い換えてみると、「もともとはその地域に生息していなかったのに、人間の活動によって他の地域から連れてこられた生き物たち」ということになります。

ここで重要なのは、外来生物は人間の活動によって持ち込まれた生物であるということです。交通手段の発達した現代では、私たち人間は地球上のどこへでも行くことが可能になっています。このような人間の移動にともなって、意図的あるいは非意図的に生物も付随して移動してしまうことがあり、これが外来生物発生のおおもととなっているのです。生物が自らの力で移動するものは、どんなに遠くへ移動しようと、外来生物とはなりません。渡り鳥、海流にのって日本にやってくる魚や風で運ばれてくる植物の種などは、人間活動は無関係に自然の力で移動するものなので外来生物には該当しません。南の島から波に乗って流れ着いた椰子の実も外来生物ではないのです。

また、外来生物という言葉から、外国からやってきた生物と考える人も少なくはありません。しかし、先ほどの定義に戻っても、外国から来たなどということは定義には一切含まれていません。なぜならば、国境というものは人間同士の関係で人間が勝手に設定したものであって、自然界に生活する生物には何の関係もなく、意味のないことだからです。それよりも、定義に従うと、生物に

□旧北区
1）北海道
2）本州・四国・九州
3）対馬

□東洋区
奄美諸島以南の南西諸島

図9-1　日本の動物地理区と哺乳類相

とっては、自然分布域外への移動が大きな問題となるわけです。

この定義に沿って外来生物を見てみると、実は国内においても外来生物は発生しているのです。例として、図9-1に日本の哺乳類相を基礎とした動物地理区を示しました。北海道にはヒグマが生息していますが、ツキノワグマは生息していません。逆に本州にはツキノワグマは生息していますが、ヒグマは生息していません。これはみなさんご存じでしょうが、これが自然分布の違いなのです。そして、日本の動物の自然分布のまとまりは、大きくは奄美諸島以南の南西諸島が属する東洋区と、それより北の旧北区に分けられ、旧北区はさらに、北海道、本州・四国・九州、対馬の三つに小さく分けられています。つまり、これらの地域の間で生物の導入が見られた場合、たとえ日本国内であっても、外来生物となってしまうのです。これらは、国内外来生物と呼ばれ、一般にはあまり意識はされてはいませんが、やはり大きな問題を抱える存在となっています。

三　日本に外来生物はどれくらい存在するのか？

現在日本では、わかっているだけでも二〇〇〇種以上の外来生物の存在が知られています（日本生態学会　二〇〇二）。哺乳類ではマングースやアライグマ、魚ではブラックバス（オオクチバス）やブルーギル、爬虫類ではミシシッピーアカミミガメやカミツキガメ、甲殻類ではアメリカザリガニ、植物ではセイタカアワダチソウやオオハンゴンソウ、セイヨウタンポポなどは全国的にも有名ですが、古くまで遡ると、実はスズメ、モンシロチョウ、ドブネズミ、ハツカネズミなども他の地域から人間の移動にともなって導入された外来生物に該当します。ただ、この外来生物問題はどこまで遡って対応できるかという問題もあり、現実的問題として、現在は明治期以降に導入された外来生物を中心に対応がとられています。

また、こうして見てくると、外来生物は日本に大挙して侵入し、日本は一方的な被害国に思われるかもしれませんが、そうではありません。確かに現在日本は動物の輸入大国であり、輸入された動物が逃げ出して定着する例も少なくはありませんが、日本の生物も海外で猛威を振るっています。日本でも元気のある生物として象徴されるコイ、植物のクズ、日本国内でも大きな問題を引き起こしているニホンジカなどは、海外の導入先で多大な被害をもたらし、現地では日本語の呼び名でも

表9-1　日本に生息する外来哺乳類一覧

海外からの外来哺乳類

種　名	学　名	目　的	分　布
アムールハリネズミ	*Erinaceus amurensis*	ペット	神奈川県・静岡県等
ジャコウネズミ	*Suncus murinus*	非意図的	長崎県・鹿児島県
タイワンザル	*Macaca cyclopis*	展示	青森県・和歌山県・伊豆大島
アカゲザル	*Macaca mulatta*	展示	千葉県
リスザル	*Saimiri sciureus*	展示	伊豆半島
カイウサギ	*Oryctolagus cuniculus*	養殖	全国の島嶼部
キタリス	*Sciurus vulgaris*	ペット	狭山丘陵
クリハラリス	*Callosciurus erythraeus*	ペット	神奈川県・静岡県等
プレーリードッグ	*Cynomys sp.*	ペット	北海道・長野県
シマリス	*Tamias sibiricus*	ペット	北海道・新潟県・山梨県・岐阜県等
マスクラット	*Ondatra zibethicus*	養殖	千葉県・埼玉県・東京都
ナンヨウネズミ	*Rattus exulans*	非意図的	宮古島
ドブネズミ	*Rattus norvegicus*	非意図的	全国
クマネズミ	*Rattus rattus*	非意図的	全国
ハツカネズミ	*Mus musculus*	非意図的	全国
ヌートリア	*Myocastor coypus*	養殖	近畿・中国・四国地方
アライグマ	*Procyon lotor*	ペット・飼育	全国
アカギツネ	*Vulpes vulpes*	天敵導入	礼文島・北海道
イヌ	*Canis familiaris*	ペット	全国
チョウセンイタチ	*Mustela sibirica*	天敵導入	本州南西部・四国・九州
アメリカミンク	*Mustela vison*	養殖	北海道・長野県
ハクビシン	*Paguma larvata*	養殖？・展示？	本州・四国・九州
ジャワマングース	*Herpestes javanicus*	天敵導入	沖縄県・奄美大島
ネコ	*Felis catus*	ペット	全国
ウマ	*Equus caballus*	養殖	都井岬・ユルリ島
イノブタ	*Sus scrofa*	養殖	全国
キョン	*Muntiacus reevesi*	展示	千葉県・伊豆大島
マリアナジカ	*Cervus mariannus*	不明	(父島：現在は絶滅)
台湾ジカ	*Cervus nippon taiouanus*	展示	友ヶ島
ウシ	*Bos Taurus*	養殖	口之島・西表島
ヤギ	*Capra hircus*	食用放逐・養殖	小笠原諸島・魚釣島

国内外来哺乳類

種　名	学名 scientific name	目　的	分　布
ニホンジネズミ	*Crocidula dsinezumi*	非意図的	渡島半島(北海道)
イエコウモリ	*Pipistrellus abramus*	非意図的？	北海道南部
アカギツネ	*Vulpes vulpes shrencki*	天敵導入	本州
タヌキ	*Nyctereutes procyonoides*	天敵導入	各地の島嶼部
ニホンイタチ	*Mustela itatsi*	天敵導入	北海道・各地の島嶼部
ニホンテン	*Martes melampus*	養殖	北海道・佐渡島
ニホンジカ	*Cervus Nippon*	養殖	
ケラマジカ	*Cervus nippon keramae*	献上	慶良間諸島

通じるくらいに有名になっているものもあります。

表9-1に主な日本の外来哺乳類を記してあります。日本では、これまでに三九種類(国外由来：三一種類、国内由来：八種類)の外来哺乳類が確認されています(池田　二〇一一)。日本の陸生哺乳類は、絶滅種を除くと一〇七種であるため(阿部　二〇〇五)、現在日本に生息する哺乳類の四分の一以上が外来種で占められていることになります。

四　外来生物の導入経路

これらの外来生物は、どのようにして導入されたのでしょうか。

まずは、歴史的に古いものとして、船や資材などに紛れ込んで侵入してきたものがあります。古くはドブネズミ、クマネズミやハツカネズミ、最近ではセアカゴケグモなどがこれに該当します。次に、意図的に天敵として導入されたものもあります。これは生物的防除手法として用いられる一つの手段であり、ハブの天敵として沖縄本島や奄美大島に導入されたマングースや、森林被害をもたらすネズミ管理のために島嶼部に導入されたニホンイタチなどは、これに該当します。

さらに、ペットや営利目的飼養からの逃亡・遺棄というケースも多く、近年の日本の外来生物の導入ルートとしては最も多いものと考えられています。これらには、ペット由来のアライグマ、第二次世界大戦中の軍隊での毛皮利用のために飼育されていたヌートリアとマスクラット、毛皮利用を目的に北海道で広く飼育されていたアメリカミンク、食肉用飼育のイノブタ、ペットとして輸入されたオオヒラタクワガタ、トマトの受粉媒介動物として農業で利用されているセイヨウオオマルハナバチなどが該当します。また、その他に、古くは大航海時代から世界中で捕鯨が盛んに行われていた頃まで、世界各地の無人島に食料として放逐されたものとして、ヤギがあります。今のように食料の保管技術が発達していない頃には、無人島にヤギを放して増殖させ、それを航海の途中で捕獲して船乗りの食料とすることが世界各地で行われていたようですが、日本の小笠原諸島に生息しているヤギも、このように食用に放逐されたものの末裔と考えられています。

五　外来生物によって引き起こされる諸問題

新しい土地に導入された外来生物たちは、新天地に様々な影響をもたらします（池田　二〇〇八、池田　二〇一一）。

外来生物の定着は、農業等被害や住居侵入、人間への攻撃や毒性をもつことによる人間生活への直接的被害が表面化するようになってはじめて、人間の意識にのぼり始める場合が多くなっています。これには、アライグマやマングースによる農業被害、タイワンリスによる住居破壊や林業被害、カミツキガメによる咬傷事故やセアカゴケグモによる毒性被害などが挙げられます。

また、外来生物は人獣共通感染症や新たな寄生虫等の媒介という問題ももたらします。キツネやイヌが媒介する北海道のエキノコックス症も、千島列島からネズミ防除と毛皮養殖を目的に導入したキツネが発生の根源となっており、外来生物由来の問題であったことがわかっていますし、アライグマが媒介するアライグマ蛔虫症や狂犬病も日本での発生が危惧されています。また、輸入されたクワガタ類に付着して導入されたダニは、在来のクワガタにも寄生し、在来のクワガタとダニの間で進化してきた寄生関係に大きな影響を与えているようです（五箇　二〇一〇）。

さらに外来生物は、近縁の在来種との交雑によって遺伝的攪乱をもたらすことがあります。日本の在来のサルはニホンザルですが、青森県下北半島と和歌山県北部、さらには千葉県房総半島にはタイワンザルが導入されており、ニホンザルとタイワンザルの間での交雑個体が生じました（白井・川本　二〇一一）。また、北海道の在来エゾシマリスと外来チョウセンシマリス・チュウゴクシマリスとの間でも交雑個体の発生が危惧されています（川道　一九九六）。日本の在来クワガタ類と外来クワガタ類の間でも交雑個体は発生します（五箇　二〇一〇）。

在来の生物が、外来生物によって好適な生息環境を奪われて、あまり適していない生息環境へと追いやられてしまうことも問題です。一般にアライグマが導入された地域からは、キツネやタヌキといった在来の動物が姿を消していきます。また、アライグマはフクロウが繁殖に用いていた営巣木を乗っ取って、自らの繁殖に使ってしまった例も確認されています（図9-2）。北海道南部では、ニホンイタチが在来のイタチ類に置き換わって占有種となっていましたが、その後に新参者であるアメリカミンクに生息環境を奪われるなどといった複雑な状況も生じています（浦口　一九九六）。空

図 9-2　北海道の野幌森林公園でフクロウの巣を乗っ取ったアライグマ

き地や河原でセイタカアワダリソウが在来の植物を抑えて群生していることもよく見かけられます。

在来生物への影響としては、好適な生息環境を占拠するだけでなく、在来の生物を直接補食して絶滅に追いやってしまうことも危惧されています。沖縄本島や奄美大島に導入されたフイリマングースは、ヤンバルクイナ、アマミノクロウサギ、キノボリトカゲやケナガネズミなどを捕食していますし(小倉・山田　二〇一一)、日本各地で野生化したノネコも在来の生物に大きな打撃を与えています。三宅島に導入されたニホンイタチは、島に生息するオカダトカゲの数を激減させてしまいました(長谷川　一九九七)。アライグマも、北海道では絶滅危惧種のニホンザリガニを確実に捕食しており(堀・的場　二〇〇一)、その他にも北海道ではエゾサンショウウオ、本州ではトウキョウサンショウウオ、アカテガニ、アカウミガメ、ニホンイシガメ、ダルマガエルなどの捕食も危惧されています(阿部　二〇一一)。また、ヤギやウサギなどの草食動物が島に導入されると、島の草木を食べ尽くしてしまい、島が丸裸の状態になって土壌が流出することも報告されています（図9-3、図9-4）（常田・滝口　二〇一一、野崎　二〇〇二）。

図9-3　小笠原諸島聟島に定着したヤギ

図9-4　小笠原諸島聟島のヤギによる植生破壊と土壌流失

六　生物多様性条約と外来生物

二〇一〇年に名古屋で第一〇回生物多様性条約締約国会議（COP10）が開催されたことは記憶に新しいことと思います。生物多様性条約は、一九九二年五月に提案され、六月にリオデジャネイロで開催された国連環境開発会議（地球サミット）で署名された国際条約です。その内容は、①生物多様性の保全、②生物多様性の構成要素の持続可能な利用、③遺伝資源の利用から生じる利益の公正な配分をめざすものであり、この生物多様性条約の中においても、外来生物への対応が求められており、第八条　生息域内保全（h）項に、「生態系、生息地もしくは種を脅かす外来種の導入を防止し又はそのような外来種を制御し、もしくは撲滅すること」と規定されているのです。生物多様性は、「種の多様性」「遺伝子の多様性」「生態系・生息地の多様性」という三つのレベルでの多様性の保全が重要なのですが、前述の外来生物によって引き起こされるさまざまな影響はすべてが生物多様性の低下へとつながるものなのです。在来種の排除・置換、捕食による在来種の減少、人獣共通感染症の媒介は、種のレベルでの多様性の低下をもたらします。交雑による遺伝的撹乱は、遺伝子レベルでの多様性を低下させます。そして、外来草食動物による植生破壊や土壌浸食などの環境改変は、生態系・生息地のレベルでの多様性の低下をもたらします。一九九二年の生物多様性条約が作成された頃には、このように外来生物問題が生物多様性の低下を導くため、その撲滅をめざすほど強い姿勢での対応が必要であるという認識は、世界共通のものになっていたということです。日本の外来生物対策は、当時はまだそのレベルにはなく、生物多様性条約に批准したことによって、その対応に本格的に取り組みだしたのが実情でした。

その後、二〇〇二年四月の第六回生物多様性条約締約国会議において、「生態系、生息地及び種を脅かす外来種の影響の予防、導入、影響緩和のための指針原則」というものが決められました。この指針原則は、侵入外来種導入の予防に優先順位を置くべきとか、すでに導入されている外来種については、撲滅→封じ込め→長期的な制御措置といった段階的アプローチをとるべきというような内容が提案されていますが、中でもとりわけ「侵入の様々な影響に関する科学的な確実性の不足は、適当な撲滅、封じ込め、制御措置をとることを先延ばしにする、あるいは措置をとらない理由として使われるべきではない」と述べられているところに、外来生物問題の大きな特徴を見てとることができます。つまり、外来生物問題による生物多様性への負の影響はすでに常識として考えなければならず、外来生物に対しては一刻の躊躇もなく即座に対応することを勧告しているのです。外来生物問題は、もはや単なる科学的関心とか研究を離れて、社会的危機管理の問題として対応しなければならない緊急課題となっているのです。

七　世界で猛威を奮う外来生物

このように外来生物への断固たる対応を求める背景には、世界各地で外来生物が猛威を奮っているという現実があります（池田　二〇〇七、池田・山田　二〇一一）。

深刻な事例として、第一にニュージーランドでの外来哺乳類問題があります（池田　二〇〇七、池田・山田　二〇一一）。ニュージーランドは約九千万年前にゴンドワナ大陸から分離してから他のどの大陸とも陸続きになった歴史をもたず、孤島として独自の進化を遂げた国です。このニュージーランドには、元来は三種の小型コウモリ以外に哺乳類が存在していませんでした。肉食動物という天敵がいないので、ニュージーランドでは鳥類が独特の進化を遂げ、飛べない鳥のキウイやモアなどが数多く生息していました。ところが約九〇〇年前マオリ族がニュージーランドに移住してきた際に、ナンヨウネズミとイヌをニュージーランドに導入しました。さらに約一五〇年前にヨーロッパ人の移住が始まり、彼らは多くの哺乳類を導入しました。その中の特にイタチ類やネズミ類にとっては、ニュージーランドの飛べない鳥たちは格好の餌資源となり、捕食されることによって在来の鳥類の約四〇%が絶滅したと考えられています。また、お隣のオーストラリアから毛皮産業振興のために導入したフクロギツネ（ポッサム）は森林破壊や農業被害及び病気を媒介することでニュージーランドの在来生態系に大きな被害をもたらしています。その結果、ニュージーランドでは、外来哺乳類対策に九〇億円以上の対策予算(ポッサムだけで六〇億円)を費やして積極的に外来哺乳類対策を進めています。現在ニュージーランドは、多くの島において外来哺乳類の根絶に成功しており、世界の外来生物対策をリードする国となっています。最近では本島内部においても、希少在来種などを含む守るべき広大な自然環境をフェンスで取り囲み、その中から外来種を根絶するという「メインランド・アイランド」プロジェクトも実施され、外来哺乳類の根絶を進めると同時に、ニュージーランドの在来の生態系の復元に成功しています。

また、グアム島には、一九五〇年頃にミナミオオガシラという長さ三メートルにもなるヘビが侵入しました(池田　二〇〇七)。これは、ニューギニアからの軍事物質に紛れて導入されたものと考えられていますが、グアム島にはヘビの天敵となる猛禽類は生息しておらず、また元来ヘビのいないグアムの鳥類はヘビに対する防御戦略を持ち合わせていなかったため、ヘビからの攻撃に対しては全くの無力でした。

ミナミオオガシラは、一九七〇年代には島の全域に生息域を拡大し、その影響によってグアム島に生息していた飛べない鳥であるグアムクイナは野生状態ではすでに絶滅しており、飼育下でわずかな数を残すだけとなってしまいました。現在復元計画も進められていますが、ネコやブタという新たな外来生物の野生化が加わって、復元は困難を極めているようです。

また、影響を受けたのはグアムクイナだけではなく、グアム島に生息していた鳥類一四種中の一二種が絶滅してしまい、グアム島は今や鳥のいない島へと変貌してしまいました。二〇〇四年にはミナミオオガシラ対策に一七億円を注ぎ込みましたが、根絶にはほど遠い状況となっています。

アフリカのビクトリア湖でも、外来魚が猛威を奮っています（池田　二〇〇七）。ビクトリア湖は、ケニア・タンザニア・ウガンダにまたがる、面積六万八千平方キロメートルという世界第三位の面積をもつ広大な湖です。このビクトリア湖には三〇〇種以上のカワスズメ科のシクリッドという魚が生息していました。実は、ビクトリア湖のシクリッドは一万二千年前に湖が干上がった後、たった一種の系統から進化したもので、まさに生物の進化をたどるには格好の研究材料でした。それゆえにビクトリア湖は「ダーウィンの箱庭」と呼ばれる進化の宝箱として知られていました。

ところが、一九五四年に英国植民地政府が貧困住民の新たなタンパク源としてスズキ科のナイルパーチという体長二メートル、体重一〇〇キログラム（最大で四〇〇キログラム）にも達する大型の魚を導入したのです。魚食性魚のいない湖に大型肉食魚を導入したのですから、結果は火を見るよりも明らかです。ナイルパーチの導入により、二〇〇種以上の在来魚が絶滅してしまったのです。かつてビクトリア湖の魚類の九九％を占めていたシクリッドはわずか一％以下に低下してしまいました。

ビクトリア湖のナイルパーチは、経済的には成功しました、ナイルパーチは世界各国に輸出され、日本においても給食やお弁当に「白身魚のフライ」として大量に消費されています。琵琶湖の一〇〇倍もの広さをもつ湖が、わずか一種の外来魚によって生態系に壊滅的被害を被った好例となっています。

以上のように外来生物は世界各地で生物多様性に大きな打撃を与えていますが、外来生物の侵入に対して脆弱な地域があります。それは島嶼地域です。外来生物の侵入はどこであっても避けなければなりませんが、特に島嶼地域においては注意を払わなければなりません。島嶼地域の生態系は、地球上の生物多様性の大部分を担っているのですが、撹乱に弱く侵入の影響を受けやすいのです。島嶼地域は、絶滅危惧種の多くが生息する生物多様性のホットスポットなのですが、過去四〇〇年間の両生類・爬虫類・鳥類・哺乳類における種の絶滅の八〇～九〇％が島嶼地域で発生しているため、特に警戒が必要となっています。

八　外来生物による間接的影響

外来生物が引き起こす影響には複雑な相互作用が見られることが多く、単純な補食関係や競合関係だけではなく、広く生態系全体への影響も捉える必要があります。

ニュージーランドでは、外来有蹄類による在来のシダ植物の捕食が森林改変をもたらし、結果的に奥深い森林には侵入できなかった外来鳥類の定着が認められるようになっています。ガラパゴス諸島では、ヤギによる在来イグアナ類の休息場所である植物群落の捕食は、群落が隙間だらけになることによって、ハヤブサによるイグアナの補食の増加をもたらしました。

さらに、南カリフォルニアのチャネル島のキツネ問題も外来生物による影響の複雑さを教えてくれます(Courchamp 二〇〇六)。チャネル島には六つの島があり、各々にキツネの亜種が生息していました。ところが、三亜種が激減し、うち二亜種は野生下では絶滅してしまいました。もう一亜種も六五個体まで生息数が減少しました。こうした現象は北部の三つの島にのみ見られ、減少の直接的原因はワシ類による捕食と予想されました。しかし、この北部の三つの島ではブタが導入されていたのです。これらの島にはキツネと同時にスカンクも生息していましたが、スカンクによってワシが生息・繁殖できるほどの生息数ではありませんでした。しかし、ブタの導入によって餌資源が増えたことから、ワシの生息数が増加しました。ブタの導入によって、ワシによるキツネとスカンクにはワシによる捕食圧の増加という事態がもたらされたわけです。この状況を数学的モデルによってシミュレーションを行ってみると、ブタが存在しなかった場合は、ワシが繁殖できないことからキツネは増加して、キツネの競合相手のスカンクは個体数を減少させます。そこへブタを導入すると、ワシの繁殖力が高まってコロニーを形成するようになります。そうするとワシの餌となるブタとキツネは個体数を減少させ、スカンクはキツネとの競合関係から解消されて個体数の回復をみせることとなります。このように外来生物が一種加わるだけで、生態系は連鎖反応によって複雑な変化を示すことがあるために外来生物導入によって発生する事態を予測することはとても難しい作業となります。

また、導入先のニュージーランドの生態系を破壊して重点的に対策が実施されているフクロギツネ(ポッサム)は、実は原産地のオーストラリアでは希少種として保護されています。このような事態は、オーストラリアにはフクロギツネ(ポッサム)の天敵が存在していますが、ニュージーランドには天敵が存在しないという地域的な環境の相違によるものと考えられます。私たちはその生物の原産地はその生物にとって最適な環境であると考えがちですが、この事例を見ると必ずしもそうではないということがわかります。導入によって発生する事態の予測が困難なわけですから、やはり外来生物は導入しないことが肝要です。

九　外来アライグマによる影響と対策のあり方

ここで日本に導入されて、現在各地で問題を起こしているアライグマを例にとって、対策のあり方を考えてみましょう。アライグマが引き起こす問題を表9-2にまとめてみました。

アライグマは基本的に肉食獣ですので、植生破壊と土壌浸食被害はなく、また交雑可能な近縁種も日本には存在しないので、交雑による遺伝的攪乱もありませんが、それ以外の前述した外来生物による影響の多くをアライグマも引き起こしています(図9-5)。

一時的記録を含めればすでに全国四七都道府県でアライグマの侵入は記録されていますが、残念ながら対策は一部地域を除いては後手後手に回っているのが現状です。その理由は、アライグマによる被害で最も注目されているのが農業被害であることによります。農業被害は外来生物のみならず、在来の動物たちによっても発生する問題です。そのために、問題を従来の獣害問題と同じ問題

表 9-2　外来生物アライグマが引き起こす問題

■商品作物や家畜等への農業等被害
トウモロコシ・畜牛飼料・養殖魚・メロン・スイカ・イチゴ等の食害 牧草ロールパックの破損と糞尿による汚損 乳牛の乳首を噛み切る
■住居侵入による生活被害
天井裏や床下での出産 家屋や庭の破損や池の鯉などの全滅
■人獣共通感染症の媒介
アライグマ回虫症 狂犬病
■競合による在来種の排除・置換
キツネ・タヌキの減少 フクロウ類などの巣を略奪利用
■捕食による在来種の減少
アオサギコロニーの営巣放棄　　カエルの地域的消滅 ニホンザリガニ・エゾサンショウウオの補食

として考えてしまうことが多いのです。外来生物対策は、可能であれば根絶をめざさなければなりません。ところが、在来の獣害対策では、在来の生物を根絶するわけにはいかず、農業被害の低減が目標となります。この考えを外来生物対策に適用すると、従来の有害鳥獣捕獲対策となってしまい、外来生物の根絶は望むことはできません。有害鳥獣捕獲は、農業被害などが生じたときに申請するものであり、被害が減少すれば申請はされなくなります。農業は野生動物たちが生息する環境で行う場合がほとんどですので、農家の方々もある程度の被害は許容しています。被害がその許容範囲内であれば対策は行われず、高い繁殖力をもつアライグマはあっという間に個体数を回復させてしまいます。そのために、この従来からの有害鳥獣捕獲による対策では、外来生物の根絶は不可能というこ

とになります。また、被害を低減する目的にしても、実際は被害状況しか問題にしないので、捕獲の効果によってアライグマの個体数が減少したかどうかの検証がなされることはありません。このような計画性のない対策では、永久にアライグマの捕獲を行っていくことになってしまいます。

図9-5　アライグマによるスイカの食痕。小さな穴を開け，手を突っ込んで中をほじくり出して食べます

そこで、北海道では科学的なアライグマ防除をめざして、さまざまな取り組みを行ってきています。まずは、アライグマの繁殖状況を調査することから開始し（Asano 二〇〇二、Asano 二〇〇三）、その繁殖データをベースに個体群変動を予測することから捕獲目標頭数を設定しました。アライグマの繁殖力は非常に高く、一歳のメスの六六％、二歳以上のメスの九六％が妊娠しており、一頭のメスは平均で約四頭の子どもを産んでいました。この値からアライグマの生息個体数を減少させるための捕獲目標頭数を割り出すと、例えば、ある地域に三千頭のアライグマが生息していると仮定した場合、二千頭を目標に設定しなければアライグマの個体数は減らないということになります。こうした科学的データに基づい

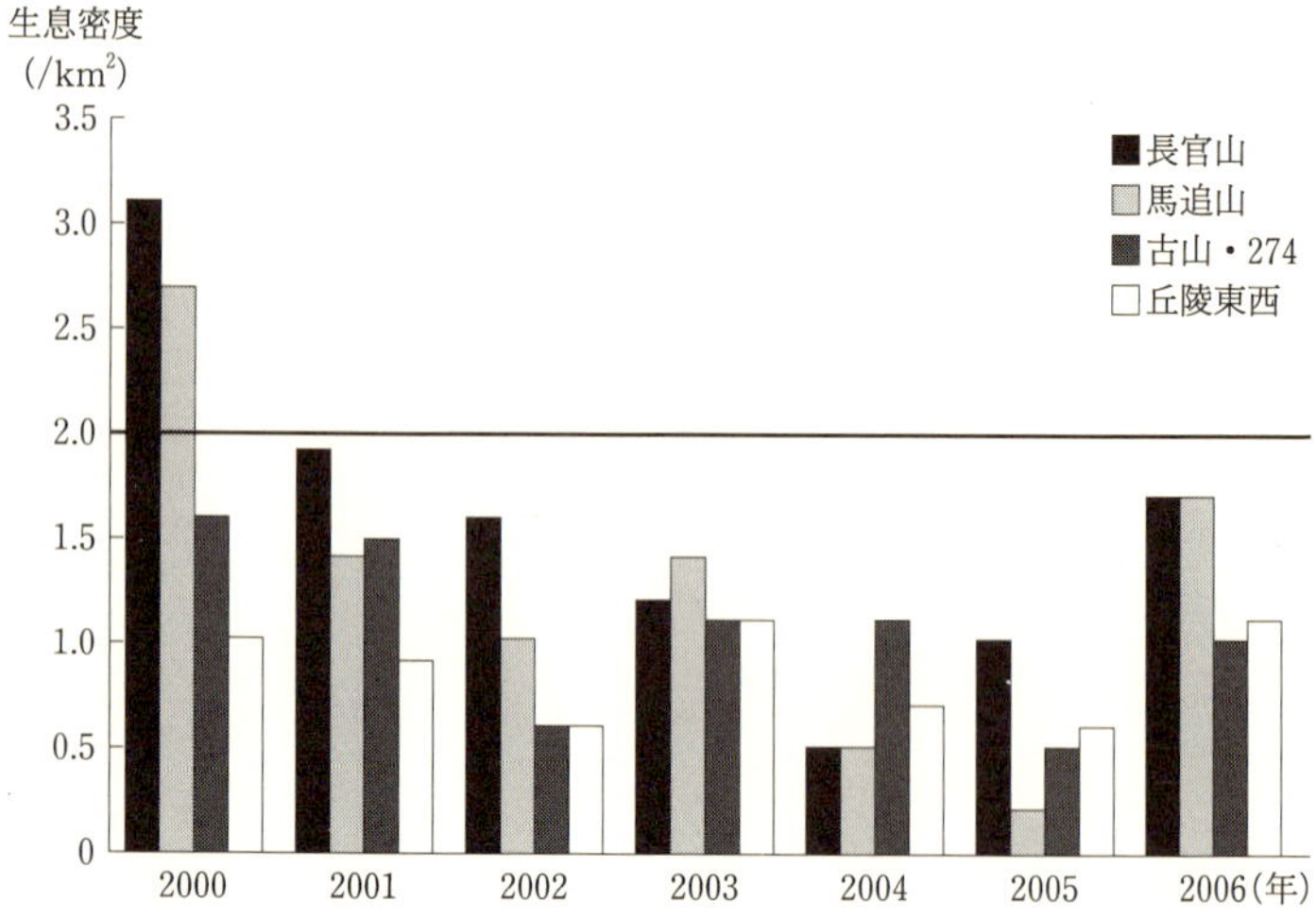

図 9-6　北海道の調査研究モデル地域における成獣アライグマ生息密度の変動

た捕獲目標頭数の設定は、むやみやたらに効果もわからずに捕獲する有害鳥獣捕獲の場合とは異なって、対策事業の説明責任を果たすものであり、地域住民の方々にも対策に納得していただくためには必要なデータだと考えています。

また、その後にはモデル地域を設定して、捕獲手法の効果の検証も行いました（図9-6）。地域連携ができれば、アライグマのワナを所定の設置手法で年に一回、三週間程度かけ続けることによって、アライグマの生息密度を一平方キロメートルあたり二頭という低い水準（原産地北米では、一平方キロメートルあたり五頭以下が低密度水準）で維持できることも明らかになっています。外来生物対策は、とかく実施する前からやっても無駄だと諦観するむきがありますが、対策をとれば個体数を減少させて低い密度で維持できることまでは確かになってきました。

ただし、現在対策がとられているのは、農業被害等が顕著で、アライグマが高密度で生息している地域に限られています。外来生物対策は、侵入初期にいち早く情報を把握して早期対策をとることが一番効果的なのですが、現実は農業被害が明らかになってようやく対策に重い腰を上げるという状況です。アライグマ侵入による悪影響をまだ侵入していない地域でも試みられてはいますが、被害のない状況で対策を講ずるのは、農業被害にしか目が向いていない状況では困難です。こうした状況を打開するために、アライグマによる生態系などへの影響にも意識を向けていただいて、在来生物の保全活動などとタイアップしたアライグマ対策の構築が今後の課題となっています。

また、アライグマを始めとする外来生物対策は、高密度状況だけではなく、導入初期や対策後期の低密度状況での対策も不可欠です。低密度状況では、捕獲作業が非効率になってくるため、新たな技術や戦略の開発も必要です。現在、私どもの研究室では、低密度状況で効果的・効率的に捕獲を進めるためのアライグマ探索犬の育成や、餌を用いない新型巣箱型ワナの開発を進めていますが、今後はこうした新しい技術を加えながら、粘り強く外来生物問題に立ち向かっていく必要があります。

一〇　外来生物対策の本来の目的

近年は外来生物問題に対する社会的関心も強まり、二〇〇五年には「特定外来生物による生態系等に係る被害の防止に関する法律」（外来生物法）も施行されました。それにともなって、日本各地で多くの外来生物対策が展開されています。しかし、外来生物対策は、外来生物憎しで行うものではありません。アライグマなどの外来生物自身もまた他所へ連れてこられた上に捕獲される被害者なのです。外来生物対策の本来の目的は、在来生物や生態系の保全なのです。農業被害を低減することも重要ですが、外来生物が減少することによって在来の生物が回復したり、生態系が健全な状態に維持されるなどといった効果が確認できる対策が必要です。

将来、このような対策を実現するために、本稿がいくらかでも外来生物問題の理解に役立つことがあれば幸いに思います。

〈参考文献〉

阿部永『日本の哺乳類〔改訂版〕』（東海大学出版会、二〇〇五年）
阿部豪「アライグマ――有害鳥獣捕獲からの脱却」（山田文雄・池田透・小倉剛編『日本の外来哺乳類』東京大学出版会、二〇一一年、一三九―一六七頁）
Asano, M. Reproduction, growth and population dynamics of feral raccoon (*Prpcyon lotor*) in Hokkaido. (Ph.D dissertation, Hokkaido University, Sapporo. 二〇〇二)
Asano, M, Y. Matoba, T. Ikeda, M. Suzuki, M. Asakawa and N. Ohtaishi. Reproductive characteristics of the feral raccoon (*Procyon lotor*) in Hokkaido, Japan. *J. Vet. Med. Sci.*, 六五巻三号、二〇〇三年、三六九―三七三頁）
Courchamp, F.「世界の島嶼地域における侵略的外来種問題」（池田透訳）（『哺乳類科学』四六巻一号、二〇〇六

年、八五―八八頁）
五箇公一『クワガタムシが語る生物多様性』（創美社、二〇一〇年）
長谷川雅美「島への生物の侵入と生物相の変化」（『遺伝』別冊九号、一九九七年、八六―九四頁）
堀繁久・的場洋平「移入種アライグマが補食していた節足動物」（『北海道開拓記念館研究紀要』二九巻、二〇〇一年、六七―七六頁）
池田透『外来生物が日本を襲う！』（青春出版社、二〇〇七年）
池田透「外来種問題――アライグマ問題を中心に」（高槻成紀・山極寿一編『日本の哺乳類学　第二巻』東京大学出版会、二〇〇八年、三六九―四〇〇頁）
池田透「日本の外来哺乳類――現状と問題点」（山田文雄・池田透・小倉剛編『日本の外来哺乳類』東京大学出版会、二〇一一年、三―二六頁）
池田透・山田文雄「海外の外来哺乳類対策　先進国に学ぶ」（山田文雄・池田透・小倉剛編『日本の外来哺乳類』東京大学出版会、二〇一一年、五九―一〇一頁）
川道美枝子「エゾシマリス」（川道武男編『日本動物大百科　第一巻　哺乳類Ⅰ』平凡社、一九九六年、七四―七七頁）
小倉剛・山田文雄「フイリマングース――日本の最優先対策種」（山田文雄・池田透・小倉剛編『日本の外来哺乳類』東京大学出版会、二〇一一年、一〇五―一三七頁）
常田邦彦・滝口正明「ノヤギ――日本の状況と島嶼における防除の実際」（山田文雄・池田透・小倉剛編『日本の外来哺乳類』東京大学出版会、二〇一一年、三一七―三四九頁）
日本生態学会編『外来種ハンドブック』（地人書館、二〇〇二年）
野崎英吉「石川県七ッ島大島におけるカイウサギ対策とその成果」（日本生態学会編『外来種ハンドブック』地人書館、二〇〇二年、八二―八三頁）
白井啓・川本芳「タイワンザルとアカゲザル――交雑回避のための根絶計画」（山田文雄・池田透・小倉剛編『日

本の外来哺乳類』東京大学出版会、二〇一一年、一六九―二〇二頁）
浦口宏二「ミンク」（伊沢紘生・粕谷俊雄・川道武男編『日本動物大百科　第二巻　哺乳類Ⅱ』平凡社、一九九六年、一三九頁）

おわりに

本書を通して、人と生物のさまざまな関わりについて、その一端だけでも堪能していただけましたでしょうか。

生命体である「生物（せいぶつ）」は、時代や地域で変化する人間の社会・文化によって新たな命（魂）を吹き込まれ、より活き活きとした生命力溢れる「生き物（いきもの）」へと様変わりします。人間が、自分たちのまわりのどんな生物に注目し、またその生物のどこに関心を示し、どのような認識をもつに至ったのかを探求することは、私たち人間の社会や文化をまた違った視点から見つめ直すことにつながります。

本書の執筆は北海道大学大学院文学研究科の精鋭によるものであり、各著者の研究分野からみた人と生物の関わりを専門的見地から紹介していますが、何も専門家でなくとも人と生物の関係に思いをめぐらせることは可能なのです。読者のみなさんの身近なところにも多くの生物が生活しており、みなさんの生活の中にもさまざまな形で生物が顔をのぞかせているはずです。

例えば、日本人に身近な存在の動物としてキツネやタヌキがいます。「狐七化け狸は八化け」という諺がありますが、キツネもタヌキも人を化かす動物と考えられています。なぜ彼らは人を化かすと考えられているのでしょうか。これについては、国外由来説など諸説がありますが、私たちの経験をもとに、さらに想像を膨らませることも可能です。タヌキは、「狸寝入り」などと使われるように、元来臆病な動物で。驚くと気を失って眠ったようになることから化かすことにつながったとも考えられます。キツネについては、タヌキのような習性はありませんが、実はキツネは驚いても一目散に逃げ去ることはなく、一定の距離を置くと必ず立ち止まってこちらの様子を見るのです。人間にとってはすぐに捕まえられそうな気がして、追うとまた少し距離を取って立ち止まる。これを何度も繰り返しているうちにキツネが飽きてその場を立ち去ると、我に返った人間は自分がどこにいるのかわからなくなってしまう。これは私のキツネの行動観察の経験から考えた、まったく私個人の勝手な想像なのですが、このように生物についてちょっと見直してみるだけで、いろいろなことも想像することが可能になります。

本書が読者の皆さんのこうした知的好奇心を多少なりともくすぐることができたならばこの企画は大成功です。さあ、みなさんも身近な生物に目をこらして想像の世界を膨らませ、生物との絆をさらに深めてください。

最後になりましたが、本書の出版に際しましては、北海道大学出版会の滝口倫子さん・今中智佳子さんに大変お世話になりました。心より感謝申し上げます。

二〇一三年二月

池田　透

第6章
図6-1　ラファエロ『アテネの会堂』部分
　出典）ブルーノ・サンティ／石原宏訳『イタリア・ルネサンスの巨匠たち――神聖な構図と運動の表現　20 ラファエロ』(東京書籍，1995年)より
図6-2　リヴァイアサン扉絵
　出典）岩波文庫『リヴァイアサン』より
図6-3　ディドロ／ダランベール『百科全書』「オランウータン」
　出典）*L'Encyclopédie de Diderot et de d'Alembert*，図版の部より。
図6-4　ルソーの植物標本
　出典）Album Rousseau, Gallimard社より

第8章
表8-1　苦痛カテゴリーの解説
　出典）国立大学法人動物実験施設協議会「動物実験処置の苦痛分類に関する解説」(2004年，[http://www.hokudoukyou.org/siryou/index.html])をもとに作成
表8-2　実験処置と苦痛カテゴリー
　出典）鍵山直子・伊藤茂男「動物実験の実践倫理」(アドスリー，2010年)をもとに作成

第9章
図9-1　日本の動物地理区と哺乳類相
表9-1　日本に生息する外来哺乳類一覧
図9-2　北海道の野幌森林公園でフクロウの巣を乗っ取ったアライグマ
　撮影）池田透
図9-3　小笠原諸島聟島に定着したヤギ
　写真提供）自然環境研究センター
図9-4　小笠原諸島聟島のヤギによる植生破壊と土壌流失
　写真提供）自然環境研究センター
表9-2　外来生物アライグマが引き起こす問題
図9-5　アライグマによるスイカの食痕。小さな穴を開け，手を突っ込んで中をほじくり出して食べます
図9-6　北海道の調査研究モデル地域における成獣アライグマ生息密度の変動
　出典）北海道資料より作成，池田透「外来種問題――アライグマ問題を中心に」(高槻成紀・山極寿一編『日本の哺乳類学　第2巻』東京大学出版会，2008年)

第 4 章

図 4-1　スキタイの子羊。マンデヴィル『東方旅行記』の挿絵より

図 4-2　ワクワクの木

出典）小林一枝『『アラビアン・ナイト』の国の美術史』(八坂書房，2004 年）より

図 4-3　中国人が描いた「人のなる木」。『三才図会』(1607 年）より

図 4-4　ミヒャエル・エンデ『はだかのサイ』

図 4-5　アフリカのクロサイ

出典）Daryl & Sharna Balfaour, *RHINO*, New Holland (Publishers) Ltd, 1991, p. 45

図 4-6　インドサイ

出典）*ibid.*, p. 54

図 4-7　デューラーの「サイ」(1515 年）

出典）Brian J. Ford, *Images of Science, A History of Scientific Illustration*, The British Library, 1992, p. 70

図 4-8　中国古代のサイの造形（錯金銀雲紋犀尊）。戦国中晩期

図 4-9　三人の妖怪大王。明『西遊記』挿絵

図 4-10　妖怪大王の正体はサイだった。明『西遊記』挿絵

図 4-11　清代『古今図書集成』(1728 年）に描かれた「犀」

図 4-12　中国に来た「鼻角獣（Rhinoceros）」。フェルビースト『坤輿図説』(1983 年）より

図 4-13　現代の『西遊記』絵本に描かれたサイの妖怪

出典）*Capturing the Three Rhinoceroses*（中国外文出版社，1987 年）より

図 4-14　西洋の一角獣。アルベルト・マグヌス『動物の書』(1545 年）より

図 4-15　イッカク

出典）D・W・マクドナルド編／大隅清治監修『動物大百科　2　海生哺乳類』(平凡社，1986 年）より

第 5 章

図 5-1　ピーター・シンガー

出典）Creative commons Attribution より　2009 年 3 月 14 日撮影（Joel Travis Sage）

図 5-2　権利概念の拡大

出典）ロデリック・ナッシュ『自然の権利』ちくま学芸文庫，36 頁より

図 5-3　オオヒシクイの足形が押印されている委任状

出典）『報告　日本における「自然の権利」運動』73 頁より

表 5-1　アメリカでの絶滅危惧種に関する一連の訴訟

出典）山村・関根，1998 年をもとに作成（一部訂正あり）

池，右側が市中
出典）作者不詳「奈良町絵図　写」(奈良女子大学所蔵)
図 2-6　18 世紀末の興福寺鳥瞰図　右手下方に木戸が，その上方，興福寺境内にはシカが描かれている
出典）秋里籬島(著)・竹原春朝斎(図)「大和名所図会」(日本資料刊行会，1976 年)より
図 2-7　鹿垣(シカ柵，卌印)が張り巡らされた奈良市中(上が北)
出典）「春日大宮若宮御祭礼図」(前掲)所載「南都地理之図」
図 2-8　春日山に連なる参道沿いに設置された〝鹿苑〟(左が北)
出典）松田半平「大和國奈良細見図」(1874 年)より

第 3 章
図 3-1　《普賢菩薩像》(国宝，平安時代・12 世紀，東京国立博物館蔵)
出典）東京国立博物館所蔵　Image: TNM Image Archives Source: http://TnmArchives.jp/。
図 3-2　《仏涅槃図》(重要美術品，鎌倉時代・14 世紀，大倉集古館蔵)
出典）九州国立博物館編『未来への贈りもの』図録，2007 年より
図 3-3　《南蛮屏風》(部分)(重要文化財，桃山時代・16〜17 世紀，狩野内膳筆，神戸市立博物館蔵)
出典）坂本満ほか編『南蛮屏風集成』(中央公論美術出版，2008 年)より
図 3-4　《国々人物図巻》(部分)(戦国時代・1501 年，雪舟等楊筆，京都国立博物館蔵)
出典）東京国立博物館・京都国立博物館編『雪舟』図録，2002 年より
図 3-5　竹富島の水牛
出典）新田観光 Web ブログ〈2012 年 7 月 15 日〉より
図 3-6　《織耕図巻》(1786 年相阿弥筆模本の再模本，原本：伝梁楷筆，東京国立博物館蔵)
出典）東京国立博物館所蔵　Image: TNM Image Archives Source: http://TnmArchives.jp/。
図 3-7　《松崎天神縁起絵巻》(重要文化財，鎌倉時代・1311 年，山口県防府天満宮蔵)
出典）小松茂美編『続日本絵巻大成 16　松崎天神縁起』(中央公論社，1983 年)より
図 3-8　《倣李唐牧牛図(渡河)》(重要文化財，雪舟等楊筆，山口県立美術館蔵)
出典）山口県立美術館編『雪舟への旅』図録，2006 年より
図 3-9　《化物図巻》(江戸時代・1802 年，狩野洞琳由信筆，米国ブリガムヤング大学ハロルド・B・リー図書館蔵)
出典）Wikipedia「塗壁」[http://ja.wikipedia.org/wiki/%E5%A1%97%E5%A3%81]より

イラスト：著者

図 1-9　センザンコウ

出典）イラスト：著者

図 1-10　千ヶ瀬型の土器（縄文中期）

出典）イラスト：著者

図 1-11　寺所第 2 型の土器（縄文中期）

出典）寺所第 2 遺跡：吉本洋子・渡辺誠「人面・土偶装飾付土器の基礎的研究（追補）」（『日本考古学』第 8 号，1999 年）

イラスト：著者

図 1-12　木曽中学校型の土器（縄文中期）

出典）イラスト：著者

図 1-13　人獣土器（藤内 32 号址例①：縄文中期）

出典）藤内遺跡：井戸尻考古館編『藤内遺跡出土品重要文化財指定記念展　甦る高原の縄文王国図録』（藤見町教育委員会，2002 年）より転載

イラスト：著者

図 1-14　人獣土器（藤内 32 号址例②：縄文中期）

出典）藤内遺跡：井戸尻考古館編，前掲より転載

イラスト：著者

図 1-15　人獣土器（T. N. No.46 例：縄文中期）

出典）多摩ニュータウン No.46 遺跡：多摩ニュータウン遺跡調査会編『多摩ニュータウン遺跡調査報告Ⅶ』（1969 年）

「呉」金文・篆文：白川静『常用字解』（平凡社，2003 年）

イラスト：著者

図 1-16　賢治と人獣土器

第 2 章

図 2-1　「東大寺山堺四至図」（模写本，部分，奈良女子大学所蔵，作者・制作年不詳）

出典）奈良女子大学所蔵資料電子画像集[http://mahoroba.lib.nara-wu.ac.jp/y18/toudaiji_sankai/pages/toudaiji_sankai_mosya.html]より

図 2-2　春日宮曼荼羅

出典）山口須美男編「春日鹿曼荼羅」（『月刊京都史跡散策会』vol.31，2008 年，[http://www.pauch.com/kss/g031.html]）より

図 2-3　興福寺衆徒が蜂起する横を徘徊する〝神鹿〟

出典）「春日大宮若宮御祭礼図」（南都書肆，1790 年）所載「衆徒蜂起之図」。

図 2-4　シカの採食を防ぐために設置された〝雪洞〟

出典）平井良朋編「日本名所風俗図会 9 奈良の巻」（角川書店，1984 年）より

図 2-5　木戸の位置（「：」印）が記された市中絵図　左（北）に興福寺（南大門）と猿沢

図表一覧

第1章

図1-1　縄文土器編年表(大別)

出典）編年表：佐々木憲一・小杉康・菱田哲郎・朽木量・若狭徹編著『はじめて学ぶ考古学』(有斐閣，2011年)，小杉康「日本列島の始原の社会」(『丸善エンサイクロペディア大百科』丸善出版，1995年)より作成

大平山元Ⅰ遺跡出土土器：大平山元Ⅰ遺跡発掘調査団編『大平山元Ⅰ遺跡の考古学調査』(1999年)

図1-2　身体のメタファーとしての土器(縄文中期)

出典）犬目中原遺跡：吉本洋子・渡辺　誠「人面・土偶装飾付土器の基礎的研究」(『日本考古学』第1号，1994年)

尖石遺跡：茅野市尖石考古館編『尖石考古館図録』(茅野市教育委員会，1986年)

図1-3　文様Aの土器(縄文草創期)

出典）花見山遺跡：公益財団法人横浜市ふるさと歴史財団埋蔵文化財センター所蔵。横浜市歴史博物館・埋蔵文化財センター編『縄文時代草創期資料集』(1996年)

イラスト：著者

図1-4　4単位波状口縁の土器(縄文早期)

出典）神並遺跡：東大阪市文化財協会編『神並遺跡Ⅱ』(東大阪市教育委員会，1987年)

イラスト：著者

図1-5　文様Bの土器(縄文早期)

出典）中越遺跡：宮田村教育委員会編『中越遺跡発掘調査報告書』(1990年)

イラスト：著者

図1-6　文様Cの土器(縄文前期)

出典）分郷八崎遺跡：北橘村教育委員会編『分郷八崎遺跡　関東自動車道(新潟線)埋蔵文化財発掘調査報告書』(1986年)

イラスト：著者

図1-7　四つの顔をもつ土器(縄文前期)

出典）中野谷松原遺跡：安中市教育委員会編『中野谷松原遺跡』(1998年)

イラスト：著者

図1-8　4－2＝2の土器(宮之上型の土器：縄文中期)

出典）宮之上遺跡：小林謙一「勝沼町宮之上遺跡6号住居跡出土の中期前葉土器について――狢沢式土器成立期における地域的タイプとしての宮之上タイプの仮設」(『山梨県考古学会誌』2001年，第12号)

執筆者紹介（執筆順）

小杉　康（こすぎ　やすし）　一九五九年生、明治大学大学院文学研究科博士後期課程単位取得退学。現在、北海道大学大学院文学研究科教授（北方文化論講座）。著書に、『縄文のマツリと暮らし』（岩波書店、二〇〇三年）、編著書に、『心と形の考古学――認知考古学の冒険』（同成社、二〇〇六年）、共著書に、『はじめて学ぶ考古学』（有斐閣、二〇一一年）。

立澤史郎（たつざわ　しろう）　一九五九年生、京都大学大学院理学研究科博士課程単位取得退学。理学博士。現在、北海道大学大学院文学研究科助教（地域システム科学講座）。著書に、『世界遺産　春日山原始林』（ナカニシヤ出版、分担執筆）、『環境倫理学』（東京大学出版会、二〇〇九年、分担執筆）、*Sika Deer-Biology and Management of Native and Introduced Population*, (Springer, 2009, 分担執筆）など。

橋本　雄（はしもと　ゆう）　一九七二年生、東京大学大学院人文社会系研究科博士課程単位取得退学。博士（文学）。現在、北海道大学大学院文学研究科准教授（日本史学講座）。著書に、『中世日本の国際関係――東アジア通交圏と偽使問題』（吉川弘文館、二〇〇五年）、『中華幻想――唐物と外交の室町時代史』（勉誠出版、二〇一一年）、『偽りの外交使節――室町時代の日朝関係』（歴史文化ライブラリー、吉川弘文館、二〇一二年）。

武田雅哉（たけだ　まさや）　一九五八年生、北海道大学大学院文学研究科博士課程（中国文学専攻）中途退学。現在、北海道大学大学院文学研究科教授（中国文化論講座）。著書に、『よいこの文化大革命――紅小兵の世界』（広済堂出版、二〇〇三年)、『楊貴妃になりたかった男たち――〈衣服の妖怪〉の文化誌』(講談社〈選書メチエ〉、二〇〇七年)、『万里の長城は月から見えるの?』(講談社、二〇一一年)。

蔵田伸雄(くらた　のぶお)　一九六三年生、京都大学大学院文学研究科博士後期課程研究指導認定退学。現在、北海道大学大学院文学研究科教授(倫理学講座)。共著書に、『応用哲学を学ぶ人のために』(戸田山和久・出口康夫編、世界思想社、二〇一一年)、『科学技術倫理学の展開』(石原孝二・河野哲也編、玉川大学出版部、二〇〇九年)、『環境倫理学』(鬼頭秀一・福永真弓編、東京大学出版会、二〇〇九年)。

佐藤淳二(さとう　じゅんじ)　一九五八年生、東京大学大学院人文・社会系研究科博士課程修了。現在、北海道大学大学院文学研究科教授(映像・表現文化論講座)。主な論文に、「「終わりある啓蒙」と「終わりなき啓蒙」」富永茂樹編『啓蒙の運命』(名古屋大学出版会、二〇一一年)所収、「ルソーの思想圏」『現代思想』(青土社、二〇一二年)。

千葉　恵(ちば　けい)　一九五五年生、Oxford 大学哲学科博士課程修了(D. Phil)。現在、北海道大学大学院文学研究科教授(哲学講座)。著書に、『アリストテレスと形而上学の可能性――弁証術と自然哲学の相補的展開』(勁草書房、二〇〇二年)、Aristotle on Essence and Defining-phrase in his Dialectic, *Definition in Greek Philosophy*, ed. David Charles (Oxford University Press, 2010, pp.203-251), Aristotle on Heuristic Inquiry and Demonstration of What It Is, *The Oxford Handbook of Aristotle*, ed. Christopher Shields (Oxford University Press, 2012, pp.171-201).

和田博美(わだ　ひろみ)　一九五七年生、北海道大学大学院環境科学研究科修了。学術博士(環境科学)。現在、北海道大学大学院文学研究科教授(心理システム科学講座)。共著書に、『行動心理学』(勁草書房、二〇〇六年)、*A study of healthy being: From interdisciplinary perspectives* (Azusa Syuppan, 2010).

池田　透（いけだ　とおる）　一九五八年生、北海道大学大学院文学研究科博士後期課程単位取得退学。現在、北海道大学大学院文学研究科教授（地域システム科学講座）。共編著書に、『日本の外来哺乳類』（東京大学出版会、二〇一一年）、監修書に、『外来生物が日本を襲う！』（青春出版社、二〇〇八年）、共著書に、「外来種問題――アライグマ問題を中心に」（高槻成紀・山極寿一編『日本の哺乳類学　第2巻　中大型哺乳類・霊長類』（東京大学出版会、二〇〇八年、三六九―四〇〇頁）。

〈北大文学研究科ライブラリ 7〉
生物という文化——人と生物の多様な関わり

2013 年 3 月 29 日　第 1 刷発行

編著者　池 田　透

発行者　櫻 井 義 秀

発行所　北海道大学出版会
札幌市北区北 9 条西 8 丁目 北海道大学構内（〒060-0809）
tel. 011(747)2308・fax. 011(736)8605 http://www.hup.gr.jp/

㈱アイワード

ISBN 978-4-8329-3384-2

「北大文学研究科ライブラリ」刊行にあたって

このたび本研究科は教員の研究成果を広く一般社会に還元すべく、「ライブラリ」を刊行いたします。これは「研究叢書」の姉妹編としての位置づけを持ちます。「研究叢書」が各学術分野において最先端の知見により学術世界に貢献をめざすのに比し、「ライブラリ」は文学研究科の多岐にわたる研究領域、学際性を生かし、十代からの広い読者層を想定しています。人間と人間を構成する諸相を分かりやすく描き、読者諸賢の教養に資することをめざします。多くの専門分野からの参画による広くかつ複眼的視野のもとに、言語と心魂と世界・社会の解明に取りくみます。時には人間そのものの探究へと誘う手引きとして、また時には社会の仕組みを鮮明に照らし出す灯りとして斬新な知見を提供いたします。本「ライブラリ」が読者諸賢におかれて「ひとり灯のもとに文をひろげて、見ぬ世の人を友」(『徒然草』一三段)とするその「友」となり、座右に侍するものとなりますなら幸甚です。

二〇一〇年二月

北海道大学文学研究科